Bushra Mohammed
Amina N.AL-Thwani

A relação entre o consumo de cigarros, os aspectos genéticos e imunitários

Bushra Mohammed
Amina N.AL-Thwani

A relação entre o consumo de cigarros, os aspectos genéticos e imunitários

ScienciaScripts

Imprint

Any brand names and product names mentioned in this book are subject to trademark, brand or patent protection and are trademarks or registered trademarks of their respective holders. The use of brand names, product names, common names, trade names, product descriptions etc. even without a particular marking in this work is in no way to be construed to mean that such names may be regarded as unrestricted in respect of trademark and brand protection legislation and could thus be used by anyone.

Cover image: www.ingimage.com

This book is a translation from the original published under ISBN 978-620-2-06551-1.

Publisher:
Sciencia Scripts
is a trademark of
Dodo Books Indian Ocean Ltd. and OmniScriptum S.R.L publishing group

120 High Road, East Finchley, London, N2 9ED, United Kingdom
Str. Armeneasca 28/1, office 1, Chisinau MD-2012, Republic of Moldova, Europe
Printed at: see last page
ISBN: 978-620-7-85805-7

Lista de conteúdos

Agradecimentos

Em nome de Deus, o Clemente, o Misericordioso

Em nome de Alá, que merece todos os louvores e agradecimentos por me ter inspirado a vontade, a força e a paciência para estabelecer esta obra, e paz e oração sobre o seu mensageiro, o principal mensageiro das criaturas, o Profeta Maomé, a sua família e os seus companheiros.

Dr.ª Amina Nimma Al-Thwani, do Instituto de Engenharia Genética e Biotecnologia da Universidade de Bagdade, pela sua orientação, paciência, apoio contínuo e conselhos valiosos durante o trabalho. As palavras nunca poderão exprimir o meu agradecimento, a minha apreciação e o meu amor por ela.

Os meus agradecimentos vão também para o meu supervisor, Prof. Raghuraman Kannan, do Laboratório de Biomateriais/Universidade do Missouri/Colômbia, pela sua grande assistência, instruções científicas amáveis e frutuosas e pelo seu encorajamento durante o meu trabalho nos Estados Unidos da América   .

O meu sincero respeito vai para a direção, todos os professores e membros afiliados do Instituto de Engenharia Genética e Biotecnologia da Universidade de Bagdade que me ensinaram e me colocaram no caminho certo. Um agradecimento especial ao Prof. Kameel Al-jobory, diretor do Departamento de Engenharia Genética, pela sua assistência contínua

.

A minha sincera gratidão é também dedicada à Sra. Warkaa Yahya, do Departamento de Biotecnologia em Engenharia Genética e Biotecnologia, pela sua assistência e aconselhamento   .

Os meus agradecimentos especiais são extensivos ao Dr. Ahmad Abdul-Jabbar, ao Sr. Zaid Nsaif, ao Sr. Mustafa Sami e ao Sr. Mohammed Mahdi, da Faculdade de Ciências da Universidade de Al-Nahrain, pelo seu apoio contínuo.

Os meus profundos agradecimentos ao Diretor e a todo o pessoal do Al-Kindi General Teaching Hospital, especialmente à Sra. Milad, ao Ebn-AL-Balade Hospital e ao Al-Imam Ali Hospital pela sua ajuda na recolha de amostras de sangue. Para além disso, gostaria de expressar os meus agradecimentos a todos os voluntários pela sua ajuda no meu trabalho.

.

Por último, não devo esquecer o meu sentimento particular de gratidão para com a minha família, marido, pais, irmãos e irmã, sem a sua ajuda e apoio, nunca poderia ter concluído esta tese. Sinto-me grata e abençoada por os ter na minha vida   .

Com os melhores cumprimentos, Bushra

Resumo

O consumo habitual de cigarros prejudica quase todos os órgãos do corpo, causa muitas doenças e diminui a saúde geral de uma pessoa. Acarreta um risco significativo de morte por cancro, entre outros riscos graves para a saúde. Assim, este estudo foi realizado para investigar o efeito do consumo de cigarros em alguns aspectos genéticos e imunitários em cento e cinquenta voluntários iraquianos fumadores pesados aparentemente saudáveis, em comparação com cinquenta voluntários não fumadores aparentemente saudáveis como grupo de controlo.

O estudo também examina o efeito nocivo da nicotina, que é um componente importante do cigarro, *in vitro*, utilizando dois tipos de linhas celulares de cancro do pulmão (H460 *TP53+/+*, H441 *TP53-/-*) e *in vivo* em animais experimentais (quarenta ratos), utilizando ensaios histopatológicos e imunohistoquímicos. As informações para o estudo demográfico foram recolhidas de indivíduos fumadores e não fumadores de acordo com um questionário que incluía o nome, o sexo, a idade, o consumo de maços de tabaco por dia e a duração do tabagismo, durante o período compreendido entre o início de março de 2014 e o final de junho de 2016. Os resultados do estudo demográfico revelaram que o maior número 38 de fumantes localizados na faixa etária (36-45) ano e o número de homens (91) foi mais do que as fêmeas (59) com a alta diferença significativa ($P \leq 0,01$). Verificou-se que (134) pessoas consumiam mais de um maço por dia, contra (16) que consumiam um maço por dia, com uma diferença significativa ($P \leq 0,01$). Foram colhidos dez ml de sangue de todos os indivíduos e divididos em três partes: 2 ml para estudo molecular, 4 ml para estudo serológico e os restantes 4 ml para investigação de factores oxidantes. O ensaio de imunoabsorção enzimática (ELISA) foi efectuado para a estimativa dos níveis séricos de CD8 e TNF-α, enquanto os níveis plasmáticos de MDA e GSH foram medidos através da densidade ótica utilizando um leitor de microplacas. Através do estudo molecular, o ADN foi extraído por um kit de extração genómica (BioNeer / Coreia) para análise por PCR, que foi efectuada utilizando quatro conjuntos de primers concebidos pela empresa Alpha para amplificar 588 pb, 248 pb, 488 pb e 578 pb do exão 5,6,7 e 8 do gene *TP53*. Em seguida, os produtos da PCR foram sequenciados e revelaram a presença de muitas variações em diferentes locais do gene *TP53*, como a alteração da guanina (G) para citosina (C), que se verificou no exão 5, com uma percentagem de 47,3 % entre os fumadores, em comparação com o controlo de não fumadores. Por outro lado, observou-se que o exão 6 apresentava mutações de deleção numa frequência elevada entre os indivíduos fumadores, numa percentagem de (19,3%), em vez de nos não fumadores; no entanto, não foram apresentadas variações genéticas nos exões 7 e 8.

Os resultados do estudo serológico revelaram que os níveis séricos de CD8 e TNF-α estavam significativamente elevados ($P \leq 0,01$) nos fumadores com idades compreendidas entre os 26 e os 35 anos, quando o valor de CD8 era de (94,09 ± 1,34 ng/ml) e o valor de TNF-α era de (39,39 ± 4.25 pg/ml), além disso, os fumadores fumavam há mais de 20 anos (CD8 93,01 ± 2,85 ng/ml e TNF-α 40,20 ± 2,92 pg/ml) e os fumadores que consumiam mais de um maço de tabaco por dia (CD8 80,05 ± 10,33 ng/ml e TNF-α 31,77 ± 0,69 pg/ml), em comparação com outros grupos de fumadores. Além disso, os resultados das investigações de factores oxidantes mostraram que os níveis plasmáticos de MDA estavam significativamente aumentados ($P \leq 0,01$), enquanto os níveis plasmáticos de GSH estavam significativamente diminuídos ($P \leq 0,01$) nos fumadores com idade superior a 56 anos, enquanto o valor de MDA era (20,70 ± 0,76 nmol/ml), enquanto o valor de GSH era (7,64 ± 1.67 mM/ml), também nos fumadores que fumaram durante mais de 20 anos, o valor de MDA atingiu (20,02 ± 1,43 nmol/ml) e o valor de GSH (6,96 ± 1,06 mM/ml), além dos fumadores que consumiram mais de um maço de tabaco por dia, com um valor de MDA (16,96 ± 2,26 nmol/ml) e um valor de GSH (9,05 ± 1,71 mM/ml), em comparação com outros grupos de fumadores.

A concentração e a viabilidade das linhas de células cancerígenas do pulmão H460 (*TP53+/+*) e H441 (*TP53-/-*) foram determinadas por meio de contagem e do corante azul de tripano. A contagem total das linhas de células cancerígenas do pulmão H460 foi de (5,2 × 106 células/ml), o número (4,9 × 106 células/ml) delas estava vivo e (3.6×105 células /ml) estavam mortas, com uma percentagem de viabilidade (93,15%), enquanto a contagem total de células cancerígenas do pulmão H441 era de (5,1 ×106 células /ml), o número (4,1 ×106 células /ml) delas estava vivo, e o número (9,9×105 células /ml) delas estava morto com uma percentagem de viabilidade (80,55%).

Os efeitos da nicotina em diferentes concentrações (1, 10, 500 e 1000 μ M) na toxicidade das linhas celulares de cancro do pulmão H460 e H441 foram medidos utilizando o ensaio MTT. A análise e o gráfico dos dados pelo software Microsoft Excel 2007 revelaram que a nicotina inibiu a viabilidade das linhas celulares de cancro do pulmão H460 em todas as concentrações e as células foram completamente abolidas pelo tratamento com (1000 μ M) quando a viabilidade atingiu a percentagem mínima (3,43%), enquanto a nicotina induziu a proliferação nas linhas celulares de cancro do pulmão H441 mesmo na concentração mais baixa (1 μ M), enquanto a viabilidade atingiu a percentagem máxima (41,04%) na concentração (1000 μ M)

.

Para determinar se a inibição do crescimento celular estava associada à morte celular apoptótica ou necrótica, o índice de apoptose e necrose foi avaliado pelo método de coloração com AnnexinV-FITC utilizando citometria de fluxo. Verificou-se que o tratamento com nicotina em concentrações (1,10, 500 e 1000 μ M) durante 24 e 48 horas induziu a apoptose, mas não a necrose, nas linhas celulares de cancro do pulmão H460, especialmente nas concentrações mais elevadas (1000 μ M) durante 48 horas, quando a percentagem de apoptose atingiu o valor máximo (55.5%), no entanto, induziu a proliferação nas linhas celulares de cancro do pulmão H441 com a maior proliferação na concentração (1000 μ M), quando o valor da percentagem de apoptose atingiu a percentagem mínima (1,5%) em comparação com as células não tratadas (controlo).

Através de um estudo *in vivo*, quarenta ratos machos saudáveis foram obtidos nos Charles River Laboratories/ EUA, divididos em quatro grupos de dez animais cada, e tratados subcutaneamente 5 dias por semana da seguinte forma: o grupo A (controlo) foi injetado com 0.1 ml de solução salina normal durante 16 semanas; o grupo B foi injetado com 0,1 ml de nicotina (1mg/kg) durante 8 semanas; o grupo C foi injetado com 0,1 ml de nicotina (1mg/kg) durante 12 semanas; e o grupo D foi injetado com a mesma dose e concentração de nicotina durante 16 semanas. Os animais foram sacrificados por deslocamento cervical, três dias após o último tratamento, os pulmões foram isolados e submetidos a análise histopatológica e imunohistoquímica. Os resultados revelaram que a nicotina tinha um efeito patológico clínico nos tecidos pulmonares dos ratinhos, como o espessamento da parede e a danificação dos alvéolos, enfisema dos alvéolos, congestão dos vasos sanguíneos, hemorragia, acumulação multifocal de edema alveolar, fibrose, proliferação e infiltração de linfócitos. Os efeitos patológicos foram classificados em termos de gravidade, dependendo do período de injeção de nicotina.

No que diz respeito à análise imuno-histoquímica, esta mostrou uma intensidade de coloração gradual consoante o período de injeção, começando por uma coloração negativa no grupo de controlo, passando por uma coloração fraca, média e forte, dependendo dos intervalos de injeção de 8, 12 e 16 semanas, respetivamente, nos grupos de tratamento. A partir dos resultados acima referidos, ficou claro que o tabagismo intenso causa um efeito nocivo significativo nos fumadores e que pode levar a danos nos seus pulmões.

5

Lista de abreviaturas

Symbol	definition
A	Adenine
Ab	Antibodies
AE	Alveoli Emphysema
Al	Alveoli
ANOVA	Analysis of variance
Arg	Arginine
AS	Alveolar sac
Asn	Asparagine
ATP	Adenosine Tri-phosphate
BALF	Broncho-Alveolar Lavage Fluid
BHT	Butylated Hydroxy Toluene
C	Cytosine
CNS	Central Nervous System
CD8	Cluser of Differentiation
CON	Congestion
COPD	Chronic Obstructive Pulmonary Disease
CRE	cAMP responsive element
CRM	Chromosomal Region Maintenance
CS	Cigarette Smoke
CTLs	Cytotoxic T lymphocytes
CYP2A6	Cytochrome P450 2A6
D	damage of alveoli
DDW	Double distilled water
DMSO	Di-Methyl Sulfo Oxide
DNA	Deoxy riboNucleic Acid
DTNB	5,5'-Dithio-bis-[2-nitrobenzoic acid]

ED	Edema
EDTA	Ethylene Diamante Tetra Acetic acid
EGFR	Epidermal Growth Factor Receptor
EL	Elution buffer
ELISA	Enzyme-Linked ImmunoSorbent Assay
EMT	Epithelial–Mesenchymal Transition
ETBR	Ethidium Bromide
FBS	Fetal Bovine Serum
FS	Fibrosis
G	Guanine
GCL	Glutamate-Cysteine-Ligase
Gln	Glutamine
GS	Glutathione Synthase
GSH	Glutathione Reduced
H&E	Hematoxylin and Eosin stain
His	Histiden
HIV	Human Immunodeficiency Virus
HRP	Horse Radish Peroxidase
Hu TNF-α	HumanTumorNecrosis Factor alpha
IARC	International Agency for Research on Cancer
IC	Inflammation Cells
IHC	ImmunoHistoChemistry
IL	Interleukin
iIELs	Intestinal Intra Epithelial T Lymphocytes
Leu	Leucine
LI	Lymphocytes Infiltration
LPS	Lipo Poly Saccharide
LT	Lymphotoxin

1. Introdução

Fumar é uma prática em que uma substância é queimada e o fumo resultante é inalado para ser saboreado e absorvido pela corrente sanguínea. A substância mais comum são as folhas secas da planta do tabaco, que foram enroladas num pequeno quadrado de papel de arroz para criar um cilindro pequeno e redondo, a que se chama cigarro (Schiller *et al.*, 2008).

Desde a antiguidade que o ser humano descobriu a planta do tabaco e saboreia a sua utilização, quer sob a forma de um grande charuto, quer através de cachimbo ou enrolando um cigarro. O hábito de fumar está difundido entre a maioria da população mundial. Os anos passaram e, atualmente, muitas empresas competem entre si em termos de publicidade, preço, qualidade e sabor. Agora, todo o mundo fuma, mesmo aqueles que não fumam são obrigados a inalar o fumo do cigarro num autocarro ou em público.

A Organização Mundial de Saúde (OMS) em (2015) estimou que quase 80% dos mais de mil milhões de fumadores em todo o mundo vivem em países de baixo e médio rendimento na Ásia e em África.

Quando o tabagismo se tornou um problema grave a nível mundial, a OMS estimou que quase seis milhões de pessoas por ano morrem devido ao tabaco, mais de cinco milhões das quais resultam do consumo direto de tabaco, enquanto mais de 600 000 resultam da exposição de não fumadores ao fumo passivo. Aproximadamente, uma pessoa morre a cada seis segundos devido ao tabaco, sendo responsável por uma em cada 10 mortes de adultos (OMS, 2016).

Cerca de metade dos utilizadores actuais acabará por morrer de uma doença relacionada com o tabaco. Além disso, o tabaco causou 100 milhões de mortes no século XX. Se as tendências actuais se mantiverem, prevê-se que, no final do século XXI, o tabaco terá matado mil milhões de pessoas. Como tal, as mortes relacionadas com o tabaco aumentarão para mais de oito milhões por ano até 2030 (OMS, 2015). De acordo com o relatório do U.S. Surgeon General (U.S. Department of Health and Human Services -USDHHS, 2010), os fumadores inalam mais de 7.000 substâncias químicas: centenas destas são perigosas e sabe-se que pelo menos 69 causam cancro, danificando e quebrando o ADN, provocando a apoptose celular subsequente (Kim *et al.*,2004) ou conduzindo à necrose (Wickenden *et al.*, 2003)

Em alguns países, as crianças de famílias pobres são frequentemente empregadas no cultivo do tabaco para garantir o rendimento familiar. Estas crianças são especialmente vulneráveis à "doença do tabaco verde", que é causada pela nicotina que é absorvida através da pele pelo manuseamento de folhas de tabaco molhadas (OMS, 2016).

O USDHHS (2014) confirmou a prova de que não existe um nível seguro de exposição ao cigarro quando se inala o fumo do cigarro, quer direta quer indiretamente, e que o tabagismo a longo prazo é o fator de risco mais estabelecido para o desenvolvimento de diferentes tipos de danos celulares que conduzem ao cancro e a outros tipos de doenças. Além disso, os produtos químicos presentes no fumo do cigarro prejudicam o sistema imunitário.

Apesar da importância do projeto e do grande número de estudos a nível mundial, tanto quanto sabemos, não existe uma base de dados disponível a nível molecular para os fumadores iraquianos, apesar de terem sido realizados alguns estudos sobre os efeitos do consumo de cigarros no Iraque, como o de Ibrahim (2010), que abrangeu o efeito do tabagismo no nível sérico de alguns minerais, e o trabalho de Abd e dos seus colegas em (2010), que estudou o título de anticorpos específicos contra alguns componentes do cigarro em fumadores e não fumadores, e também o estudo de Abdul-Razaq e Ahmed (2013), que avaliou o efeito do tabagismo no teste da função hepática e em alguns outros parâmetros relacionados.

Verificou-se que os estudos realizados sobre a relação entre o tabagismo e alguns aspectos genéticos eram raros e talvez inexistentes. Foi isso que nos incentivou a realizar este estudo, que examinou alguns dos efeitos genéticos e imunológicos do tabagismo.

Objectivos do estudo

Para construir uma compreensão detalhada e aumentar o nosso conhecimento sobre os efeitos nocivos do consumo de cigarros, este estudo foi realizado com o objetivo de destacar

1. Investigar as mutações no gene *TP53* em fumadores pesados que possam estar associadas ao tabagismo.

2. Deteção do efeito do tabagismo na imunidade em fumadores pesados através da medição de alguns marcadores imunitários como o fator de necrose tumoral alfa (TNFα) e os níveis de CD8

3. Avaliação do efeito do tabagismo em alguns factores antioxidantes como o Malondialdeído (MDA) e a Glutationa (GSH).

4. Encontrar a correlação entre a exposição à nicotina e a apoptose ou a necrose *in vitro* utilizando linhas celulares de cancro do pulmão.

5. Estimativa do efeito da nicotina *in vivo* através de exames histopatológicos e imunohistoquímicos em animais de laboratório.

2. Revisão da literatura

2.1 História de tabagismo

O hábito de fumar tabaco é o hábito de queimar tabaco e inalar o fumo produzido. O hábito pode ter começado em 5000-3000 a.C., quando a produção agrária começou a ser cultivada pelos índios da América que queimavam as folhas de tabaco, juntamente com a resina malcheirosa, para afastar os mosquitos (Heckewelder *et al.*, 1971). Mais tarde, a utilização evoluiu para a combustão do material vegetal, seja por coincidência ou com o objetivo de explorar outros meios de utilização (Grehan, 2006). Os nativos americanos não fumavam diariamente; fumavam tabaco através de um cachimbo para usos religiosos e médicos específicos (Gottsegen, 1940). O consumo de tabaco era provavelmente o mais elevado entre a comunidade asteca no México, bem como entre a comunidade inca no Peru (Goodman, 1993). Também se encontrava muito difundido na América do Norte, onde se fumava o chamado cachimbo da paz (Kulikoff, 1986).

Os primeiros europeus a utilizar o tabaco foram os viajantes oceânicos, mas nessa altura descobriram que tinha um mau sabor (Gately, 2004). Não passou muito tempo até os viajantes apreciarem o sabor do tabaco e, mais tarde, transportaram folhas de tabaco para os seus países (Wilbert, 1993). Cristóvão Colombo transportou algumas folhas e sementes de tabaco para a Europa, mas os europeus não gostaram do primeiro sabor do tabaco até meados do século XVI, quando Sir Walter Raleigh transportou tanto o tabaco como as batatas para Inglaterra no final do século XVI (Robicsek, 1979).

Em 1828, o tabaco foi batizado por cientistas alemães e o nome ficou a dever-se ao cientista John Nicot que enviou as sementes da planta do tabaco de Portugal para Paris com o objetivo de serem utilizadas na medicina, passando a ser conhecida cientificamente como Nicotiana Tabakim. John Nicot, embaixador de França em Lisboa, defendeu o tabaco e confirmou os benefícios do tabaco, como a re-consciência e o tratamento de muitas doenças. (Cooper e William, 2000).

Durante os anos 1800, um grande número de pessoas começou a usar pequenas quantidades de tabaco, mastigando-o, fumando num cachimbo, ou enrolando à mão um cigarro ou charuto (Burns, 2007). Nessa altura, o número de cigarros fumados pelas pessoas atingia os 40 cigarros por ano (Brandt, 2007). O hábito foi alvo de críticas desde a sua primeira importação para o mundo ocidental, mas foi-se integrando em certos estratos de várias sociedades antes de se tornar predominante com a introdução de instrumentos automatizados de enrolamento de cigarros (Gilman e Xun, 2004).

Muitas das civilizações mais antigas, como os babilónios, os indianos e os chineses, queimavam incenso durante os rituais religiosos (Benedict, 2011). Pensava-se que o tabaco era uma dádiva do deus e que o fumo do tabaco exalado era capaz de transportar a crença e as orações de uma pessoa para o céu (Breen, 1985). O fumo do tabaco e de diferentes drogas alucinogénias era utilizado para realizar transes e entrar em contacto com o mundo das almas (Cosner, 2015).

Para além de ser fumado, o tabaco tinha várias utilizações na medicina: como analgésico, era utilizado para dores de ouvidos e de dentes e, por vezes, como cataplasma. Além disso, acreditava-se que curava a dor de cabeça, a asma e as náuseas (Collins, 1993). Os índios usavam o tabaco para curar constipações, especialmente se o tabaco fosse misturado com as folhas da pequena Salvia Dorrii, a raiz do Bálsamo da Índia, Cough Root ou Leptotaenia multifida, e acreditava-se que era especialmente bom para a asma e a tuberculose (Balls,

1962).

2.2 Componentes do fumo do cigarro

O fumo do cigarro é uma mistura química complicada e eficaz. Os cientistas descreveram o fumo do cigarro como uma "mistura ligeiramente carregada e poderosamente concentrada de partículas submicrónicas incluídas num gás, sendo cada partícula um grupo multicomposicional de componentes resultantes da destilação, pirólise e combustão do tabaco (USDHHS, 2010). Os cientistas listaram informações sobre alguns componentes encontrados no tabaco e no fumo do cigarro, conforme esclarecido abaixo :-

-Acetaldeído - Utilizado em resinas e colas, os cientistas consideram-no cancerígeno e facilita a absorção de alguns agentes cancerígenos pelos brônquios (Agência Internacional de Investigação do Cancro - IARC, 2004).

-Acetona - Utilizada como solvente, provoca excitabilidade ocular, arranha o tecido epitelial do nariz e da garganta, pode afetar o fígado e os rins por exposição prolongada (Douben, 2003).

-Acroleína - Componente do gás lacrimogéneo e da guerra química, é comum em herbicidas e resinas de poliéster, é extremamente venenosa, excitável para o trato respiratório superior e para os olhos (Rodgman e Perfetti, 2006).

-Acrilonitrilo - Também designado por cianeto de vinilo, presente em resinas sintéticas, borracha e plásticos, é considerado cancerígeno para o ser humano (IARC, 2007).

-1-aminonaftaleno - Utilizado em herbicidas, é considerado cancerígeno (Jurado-Sànchez *et al.*, 2012).

-2-aminonaftaleno - Foi impedido de ser utilizado na indústria, conhecido por causar cancro da bexiga (Luch, 2005).

Amoníaco - Encontrado nos produtos de limpeza, pensa-se que causa asma e tensão arterial elevada (IARC, 2004).

-Benzeno - Encontrado na gasolina, conhecido por causar muitos cancros, como a leucemia (Murkovic, 2004).

-Benzo[a]pireno - Ingrediente do piche de alcatrão de carvão e do creosoto, causa infertilidade e é reconhecido como cancerígeno para os pulmões e a pele (Fowles e Dybing, 2003).

-1,3-Butadieno - Encontrado no látex, na borracha e no neopreno, é maioritariamente considerado cancerígeno (Arora *et al.*, 2001).

-Butiraldeído - Encontrado em solventes e resinas, irrita o tecido epitelial dos pulmões e do nariz (Carmella *et al.*, 2005).

-Cádmio - Encontrado em revestimentos metálicos não corrosivos, baterias de armazenamento, pigmentos e rolamentos, reconhecido como cancerígeno, afecta o cérebro, os rins e o fígado (Singh *et al.*, 2005).

-Catecol - Antioxidante encontrado em indústrias de óleos, tintas e corantes, causa dermatites, aumenta a pressão arterial e a excitabilidade do trato respiratório superior (Piadé *et al.*, 2013).

Crómio - Encontrado no tratamento e conservação da madeira, no revestimento de metais e ligas, acredita-se que cause cancro do pulmão (IARC, 2004).

-Cresol - Encontrado em desinfectantes, conservantes de madeira e solventes, irrita a membrana mucosa da garganta, nasal e respiratória superior (Burstyn, 2014).

-Crotonaldeído - conhecido como um agente cancerígeno, causa alterações cromossómicas e prejudica o sistema imunitário humano (USDHHS, 2010).

-Formaldeído - Encontrado em resinas, espuma de isolamento, contraplacado, painéis de fibras e aglomerados de partículas. É conhecido por causar cancros do nariz, da pele, dos pulmões e do sistema digestivo (IARC, 2004).

-Cianeto de Hidrogénio - Encontrado nas indústrias de plásticos acrílicos e resinas, afecta os pulmões e provoca fadiga, dores de cabeça e náuseas (Douben, 2003).

-Hidroquinona - Encontrada em vernizes, combustíveis para motores e tintas, afecta o sistema nervoso central, irrita os olhos e a pele (Rodgman e Perfetti, 2009).

-Isopreno - Encontrado nas indústrias da borracha, irrita a pele e as mucosas dos olhos (IARC, 2007).

-Chumbo - Encontrado em tintas e ligas metálicas, reconhecido como cancerígeno, afecta os nervos, o cérebro, os rins e causa infertilidade humana, problemas de estômago e anemia, extremamente venenoso para as crianças (Jurado-Sànchez *et al.*, 2012).

Metil-etil-cetona (MEK) - Utilizado em solventes, danifica o sistema nervoso, provoca irritação nos olhos, nariz e garganta (Luch, 2005).

-Níquel - Reconhecido como cancerígeno, irrita as vias respiratórias superiores, causa asma (IARC, 2007).

Óxido nítrico - Encontrado no smog e na chuva ácida. Formado pela queima de gasolina, acredita-se que cause asma, doença de Alzheimer, doença de Parkinson e doença de Huntington (IARC, 2004).

-N-nitrosaminas: - Conhecidas como cancerígenas, causam cancro do pulmão e infertilidade (Schuller, 2007).

-Fenol - Encontrado em resinas, contraplacado e materiais de construção, químico extremamente nocivo, danifica o sistema nervoso central (SNC), o sistema cardiovascular, o sistema respiratório, os rins e o fígado. (USDHHS, 2010).

-Propionaldeído - Encontrado em desinfectantes, provoca irritação do sistema respiratório, da pele e dos olhos (Douben, 2003).

-Piridina - Ingrediente dos solventes, provoca náuseas, nervosismo, dores de cabeça e danos no fígado, além de causar irritação nos olhos e no trato respiratório superior (Rodgman e Perfetti, 2006).

-Quinolina - Conhecida como cancerígena, provoca mutações genéticas, irritação ocular, danos no fígado, é utilizada como solvente de resinas e para travar a corrosão (IARC, 2007).

-Resorcinol - Encontrado nas indústrias de resinas, colas e laminados, provoca irritação nos olhos e na pele (IARC, 2004).

Estireno - Encontrado em tubos, plástico, fibra de vidro, causa irritação nos olhos e dores de cabeça, acredita-se que cause leucemia (Jurado-Sànchez *et al.*, 2012).

-Tolueno - Encontrado em óleos solventes e resinas, acredita-se que causa danos cerebrais, anorexia, náuseas, confusão, perda de memória, movimentos embriagados e fraqueza

(Rodgman e Perfetti, 2006).

-Monóxido de carbono - Altamente tóxico, especialmente para crianças, bebés, grávidas, doentes com insuficiência cardíaca e doenças pulmonares. É absorvido pela corrente sanguínea, provoca fadiga, fraqueza, tonturas, diminuição da função cardíaca, coma e morte (Douben, 2003).

-Alcatrão - Conhecido como carcinogéneo, causa vários tipos de cancro (USDHHS, 2010).

-Nicotina - Encontrada em insecticidas, é uma droga extremamente viciante, de grande ação, a ingestão da dose adequada provoca vómitos, convulsões, depressão do sistema nervoso central e atraso no crescimento do feto (American Cancer Society, 2016).

2.3 Química e toxicologia da nicotina

A nicotina é o principal constituinte químico responsável pela dependência nos produtos do tabaco e, no estado não ionizado, pode ser facilmente absorvida através do tecido epitelial do pulmão, da boca, do nariz e da pele. Uma pessoa que consuma 25 cigarros por dia absorverá cerca de 0,43 mg de nicotina/kg de peso corporal (Benowitz *et al.*, 2009) e obterá uma concentração sanguínea de nicotina entre 4-72 ng/ml (0,025-0,444 µM) (Russell *et al.*, 1980). O tempo de meia-vida da nicotina no plasma é de cerca de 2 horas (Hukkanen *et al.*, 2005).

A pH elevado, 80% da nicotina é absorvida e submetida a metabolismo no fígado, principalmente por duas enzimas (citocromo P450 2A6- CYP2A6, uridina 5'-difosfo- UDP-glucuronosiltransferase e uma flavina monooxigenase), sendo o principal metabolito a cotinina, enquanto a nornicotina, produzida por desmetilação da nicotina, é simultaneamente um metabolito da nicotina e um ligeiro alcaloide do tabaco.

Mais de 85-90% da nicotina é metabolizada antes de ser excretada pelos rins (Benowitz *et al.*, 2009).

Argentin e Cicchett (2004) investigaram a criação de micronúcleos (MN) pela nicotina em fibroblastos gengivais humanos e observaram que o tratamento com 1 µM de nicotina aumentou significativamente a frequência de MNs. Os antioxidantes também reduziram o efeito da nicotina, diminuindo significativamente a formação de MN. A iniciação de MN também foi encontrada numa pesquisa em linfócitos humanos (Ginzkey *et al.*, 2012), embora fosse necessária uma concentração mais elevada de nicotina (100 µM). Os mecanismos que levam à formação de MN são a fratura dos cromossomas e o desarranjo da

sistema de segregação dos cromossomas, pelo que a formação de MN parece ser um dano irreversível no ADN (Cheng *et al.* 2003).

2.3.1 Investigação da genotoxicidade da nicotina

2.3.1.1 Estudos *in vitro* em culturas celulares

A cultura de células é um método muito útil para detetar a toxicidade de qualquer agente, tanto pela avaliação das funções essenciais da célula como por testes em funções celulares especiais (Schaal e Chellappan, 2014). Os principais testes de toxicidade, que visam geralmente a exposição da atividade biológica das substâncias testadas, podem ser realizados em muitos tipos de células.

A este respeito, um estudo anterior sobre as vias de sinalização mostrou que a nicotina estimula a proliferação de células epiteliais não neuronais e células endoteliais (Singh *et al.*, 2011). Além disso, verificou-se que a nicotina induz a Transição Epitelial-Mesenquimal (EMT), que é um dos passos essenciais para a obtenção de um fenótipo maligno. Esta transição permite que a célula obtenha propriedades migratórias, o que pode facilitar as metástases do cancro (Dasgupta *et al.*, 2009). No caso da radioterapia (RT), o tratamento com nicotina aumentou a viabilidade das células de cancro do pulmão H460 e A549 (Nakada *et al.*, 2012).

Para medir a toxicidade, foram utilizados vários parâmetros, incluindo a coloração vital, o ensaio MTT e a coloração com anexina v, do seguinte modo

A. Coloração de azul de Tripan

Um diazo, corante vital, corante seletivo é utilizado para distinguir entre as células mortas, que se colorem de azul ao microscópio, e as células vivas, que aparecem incolores, porque o azul de tripano não pode ser absorvido através de uma membrana celular intacta; pelo contrário, o azul de tripano é absorvido por células mortas que não têm uma barreira de membrana celular (Wainwright, 2010).

B. Ensaio MTT

O MTT é a abreviatura de brometo de 3-(4,5-dimetiltiazol-2-il)-2,5- difeniltetrazólio, é um ensaio colorimétrico sensível à luz utilizado para estimar a atividade metabólica das células, as enzimas oxidoredutases celulares dependentes do fosfato de nicotinamida adenina dinucleótido (NAD(P)H)-pode, num estado específico, refletir o número de células viáveis presentes. Estas enzimas são capazes de reduzir o corante de tetrazólio MTT ao seu formazan insolúvel, que possui uma cor púrpura, bem como este corante é utilizado para medir a citotoxicidade celular, o que significa a perda de células viáveis, ou para estimar a atividade citostática das células, o que significa a mudança da proliferação para a quiescência, quando as células são tratadas com potenciais agentes medicinais ou materiais tóxicos (Berridge *et al.*, 2005).

C. Coloração de anexina v

O ensaio de afinidade da anexina é um teste, amplamente utilizado em biologia molecular, para estimar o número de células que sofrem de apoptose. A proteína anexina e a citometria de fluxo ou um microscópio de fluorescência são utilizados para marcar e contar as células mortas e apoptóticas (Kietselaer *et al.*, 2007).

A proteína anexina liga-se às células apoptóticas - mortas de uma forma dependente do cálcio através de superfícies de membrana contendo fosfatidilserina, que normalmente só ocorrem no folheto interno da membrana celular (Rottey *et al.*, 2006).

O ensaio depende do conceito de que as células apoptóticas individuais saudáveis são rapidamente engolidas pelos fagócitos, mas, em casos patológicos, a eliminação das células apoptóticas pode ser tardia ou mesmo inexistente (Haas *et al.*, 2004).

As células apoptóticas nos tecidos podem ser expostas através da ligação da sua superfície celular à anexina marcada com moléculas fluorescentes ou radioactivas, o que torna possível a sua deteção por citometria de fluxo ou por um microscópio de fluorescência. Após a ligação à superfície fosfolipídica, a anexina reúne-se num agrupamento trimérico (Kietselaer *et al*, 2004), cada trímero é constituído por três moléculas de anexina que estão limitadas entre si por interfaces proteína-proteína-ligante não covalentes, a configuração dos trímeros de anexina tem como consequência a disposição de uma rede cristalina bidimensional na membrana fosfolipídica, o agrupamento da anexina na membrana celular aumenta fortemente a concentração de anexina quando marcada com uma sonda fluorescente ou radioactiva (Narula *et al*, 2001). Supõe-se que a formação de cristais bidimensionais provoca a incorporação da anexina durante uma nova operação de endocitose, se ocorrer em células que se encontram na fase inicial da morte celular (Reutelingsperger *et al.*, 2002), a incorporação aumenta ainda mais a concentração da célula corada com anexina (Kenis *et al.*, 2004).

A anexina tem sido utilizada consecutivamente para identificar células apoptóticas *in vitro* e *in vivo* em operações patológicas em que a apoptose ocorre, como a inflamação e a lesão isquémica do coração causada por enfarte do miocárdio (van Engeland *et al.*, 1998).

O avanço do ensaio da anexina é a anexina marcada radioactivamente, que é utilizada no diagnóstico não invasivo de tecidos não saudáveis. A anexina marcada radioactivamente é o objetivo de uma nova forma de investigação denominada Imagiologia Molecular (Rottey *et al.*, 2006), que pode tornar-se um ensaio clínico importante para detetar a vulncrabilidade das placas ateroscleróticas (aterosclerose instável), a insuficiência cardíaca, a rejeição de transplantes e para monitorizar a eficácia da terapia anticancerígena (Haas *et al.*, 2004).

2.3.1.2 Estudos *in vivo*

O termo *In vivo* refere-se aos testes que utilizam um organismo vivo completo em vez de um organismo morto, incompleto ou parte do organismo. Os estudos em animais e os projectos clínicos são dois tipos de estudos *in vivo*. A experimentação in vivo é predominantemente mais utilizada do que a *in vitro*, uma vez que é melhor estudada para observar os efeitos totais de uma experiência em indivíduos vivos (Sriramoju e Alfano, 2015).

No entanto, há várias razões para pensar que os ensaios *in vivo* têm a possibilidade de dar conclusões incisivas sobre a natureza da doença e a qualidade do medicamento. Há muitas formas de estas conclusões serem enganadoras, por exemplo, uma terapia pode dar uma vantagem a curto prazo, mas uma desvantagem a longo prazo (Chapman *et al.*, 2016).

De facto, 99% dos genes de ratinho têm uma equivalência em humanos, o que torna os ratinhos os mais adequados para estudar a função dos genes humanos em casos normais ou em doenças como o cancro, a diabetes e as doenças cardiovasculares (Ferreiro *et al.*, 2016).

Além disso, devido ao facto de os ratos terem sido amplamente utilizados em experiências durante centenas de anos, os cientistas construíram uma informação pormenorizada sobre a sua biologia e genética e desenvolveram muitos equipamentos e técnicas para os estudar, actuando como ferramentas genéticas maciças que não podem ser obtidas noutros mamíferos (Linert *et al.*, 1999 e Veenendaal *et al.*, 2002).

Foram realizados muitos estudos para investigar a carcinogenicidade da nicotina *in vivo* (Galitovskiy *et al.*, 2012 e Dodmane *et al*, 2014), além disso, devido à baixa sensibilidade dos animais de laboratório, especialmente dos ratos, Waldum *et al.* (1996) sugeriram que a dose utilizada em animais de laboratório para estimar a probabilidade carcinogénica da nicotina deve normalmente ser superior àquela a que os seres humanos podem estar expostos, quando investigam a carcinogenicidade da nicotina *in vivo* num grupo de 68 ratos Sprague-Dawley fêmeas que foram expostos durante 20 horas, 5 dias/semana, à nicotina por inalação e a concentração de nicotina no plasma foi estimada. A principal abordagem para detetar o efeito da nicotina em animais de laboratório é a imunohistoquímica (IHC) (Dodmane *et al.*, 2014).

Ajmmunohistoquímica (IHC).

A imunohistoquímica (IHC) é o método de deteção de antigénios, tais como proteínas, em secções de tecidos, explorando o princípio da ligação exclusiva de anticorpos a antigénios em tecidos biológicos (Ramos-Vara e Miller, 2014). O nome IHC refere-se ao termo "immuno", que indica a utilização de anticorpos no método, e "histo", que se refere ao tecido.

Coons, *et al.* (1941) foram os primeiros a aplicar este processo para detetar os antigénios em tecidos vitais.

O método de coloração IHC é normalmente utilizado para identificar e reconhecer as células anormais, como as que existem no tecido de tumores cancerígenos, determinados marcadores moleculares são distintivos de um processo celular específico, como a proliferação ou a morte celular programada - apoptose (Gold e Dematteo, 2006 e Ranjan *et al.*, 2016), além disso, é altamente utilizado na investigação básica para determinar a distribuição e a localização de biomarcadores, bem como a expressão da diversidade de proteínas em diferentes partes de um tecido vital (Press *et al.*, 2005).

2.4 Fumo de cigarros e cancro

O consumo de cigarros é responsável por 30% de todas as mortes por cancro nos países desenvolvidos (OMS, 1997 e 2016). O fumo do tabaco contém mais de 7000 substâncias químicas diferentes, 69 das quais foram classificadas como "carcinogénicas para os seres humanos". Assim, os trabalhos de muitos químicos e biólogos nos últimos 50 anos mostraram os efeitos nocivos de muitos componentes do tabaco (American Joint Committee on Cancer, 2010 e American Cancer Society, 2013). Um resultado comprovado é a mutagénese, ou seja, a capacidade de induzir mutações, o cancro surge quando as mutações se acumulam no ADN porque algumas células agem como foras-da-lei (Detterbeck *et al.*, 2015).

O relatório de 2004 do Surgeon General concluiu que as provas são adequadas para conjeturar uma relação causal entre o tabagismo e os cancros do pulmão, laringe, cavidade oral, faringe, esófago, pâncreas, bexiga, rim, colo do útero e estômago, bem como a leucemia mieloide aguda. Além disso, o relatório concluiu que as provas sugerem uma correlação causal entre o tabagismo e os cancros colorrectais e do fígado (USDHHS, 2004). O fumo condensado e vigoroso de cigarros também foi associado a causas de tumores quando aplicado na pele de ratos e implantado em pulmões de roedores (Sher *et al.*, 2011). Em suma, a tumorigénese nos cancros associados ao tabaco é influenciada pelas relações entre a suscetibilidade genética e a exposição ao consumo de cigarros (Moolgavkar *et al.*, 2012).

Quando os fumadores inalam o fumo, cada tragada de cigarro liberta uma mistura de carcinogéneos e tóxicos. Foram encontrados vários carcinogéneos no fumo do cigarro, sendo os hidrocarbonetos aromáticos policíclicos (HAP), as aminas aromáticas, as aminas aromáticas heterocíclicas, as N-nitrosaminas e os aldeídos os principais tipos de carcinogéneos (Lamichhane *et al.*, 2016). A ativação metabólica destes carcinogéneos provoca a formação de adutos de ADN; no entanto, o metabolito ativo liga-se covalentemente ao ADN; os sistemas de reparação do ADN reparam muitos adutos de ADN; mas os que não são reparados podem provocar uma codificação incorrecta (American Cancer Society, 2016). Isto pode causar uma mutação permanente na sequência do ADN. Se esta mutação ocorrer numa parte significativa, como um gene supressor de tumor, como o *TP53*, a consequência pode ser uma modificação dos mecanismos normais de controlo do crescimento, levando a uma proliferação descontrolada, mais mutações e cancro (USDHHS, 2014).

Desde meados da década de 80, numerosos estudos examinaram a ocorrência de aductos de ADN nos tecidos humanos. Os estudos que utilizaram abordagens inespecíficas, como a pós-marcação com 32P e os imunoensaios, para avaliar os aductos concluíram que os níveis de aductos no pulmão e noutros tecidos são mais elevados nos fumadores do que nos não fumadores. Assim, alguns dados epidemiológicos associam níveis mais elevados de adutos a uma maior probabilidade de desenvolver um cancro (USDHHS, 2010).

Além disso, o fumo do cigarro contém co-carcinogéneos que, embora não sejam eles próprios carcinogéneos, reforçam os efeitos carcinogéneos do fumo. Além disso, o fumo do cigarro induz danos oxidativos e metilação de promotores de genes, processos que provavelmente também contribuem para o crescimento do cancro (USDHHS, 2014).

Embora estes compostos não sejam carcinogénicos, aumentam claramente a carcinogenicidade dos carcinogéneos do fumo do cigarro através de mecanismos que normalmente conduzem à estimulação da proliferação celular (USDHHS, 2010). Alguns compostos do fumo do tabaco ou os seus metabolitos podem ligar-se diretamente a receptores celulares, levando à ativação de proteínas quinases, receptores de crescimento e outras vias, que podem contribuir para a carcinogénese (Chen *et al.*, 2011a). A reversibilidade do risco de cancro após a cessação do tabagismo apoia o papel dos promotores tumorais e de outros factores epigenéticos na carcinogénese do tabaco. No entanto, os pormenores destes efeitos ainda não foram totalmente esclarecidos. Uma via epigenética importante é a hipermetilação enzimática das regiões promotoras dos genes, que pode resultar no silenciamento dos genes. Se isso ocorrer em genes supressores de tumor, o produto pode ser a proliferação celular desregulada (USDHHS, 2010).

O fumo do cigarro também ativa o recetor do fator de crescimento epidérmico (EGFR) e a ciclo-oxigenase-2 (COX-2), ambos conhecidos por serem importantes na proliferação e transformação celular. Além disso, a ocorrência de co-carcinogéneos e promotores de tumores no fumo do cigarro está bem estabelecida.

2.4.1 Fumar e cancro do pulmão

Embora fumar aumente o risco de diferentes tipos de tumores, possivelmente nenhuma doença maligna está mais intimamente ligada ao tabagismo do que o cancro do pulmão. Antes da introdução comercial dos cigarros, a frequência do cancro do pulmão era realmente baixa, mas pequenos estudos epidemiológicos e notas clínicas já na década de 1930 apresentavam uma perspetiva de ligação causal entre a exposição ao tabaco e um aumento dos casos de cancro do pulmão (Ochsner e DeBakey ,1939 ; IARC, 2012 e Detterbeck *et al.*, 2015).

Estas notas incitam a investigações amplas e críticas, juntamente com o progresso da metodologia adequada necessária aos estudos epidemiológicos das doenças crónicas, que, por volta dos anos 50, forneceram provas epidemiológicas poderosas para a associação entre a quantidade de tabaco consumido e o risco de cancro, os efeitos vantajosos da paragem e uma relação com a histologia do tumor (Wong *et al.*, 2007 e Schaal e Chellappan, 2014). No entanto, estas investigações forneceram uma ligação epidemiológica sem parar. Uma vez que não foram encontradas provas óbvias da existência de agentes cancerígenos exactos no fumo do tabaco e que faltavam dados de estudos que resumissem o tabaco como agente cancerígeno ou que fornecessem uma explicação bioquímica mecanicista, o efeito do tabagismo no cancro do pulmão não se confirmou e, em vez disso, surgiu uma argumentação significativa na comunidade médica.

Esta atitude começou a mudar na comunidade médica de ambos os lados do Atlântico com as declarações do Conselho Britânico de Investigação Médica, em 1957, que aprovou o tabaco como causa direta de cancro, e do Cirurgião-Geral dos Estados Unidos, que considerou o tabagismo como o "principal fator etiológico no aumento da incidência do cancro do pulmão (Nakada *et al.*, 2012).

O peso das provas epidemiológicas foi satisfatório, a ponto de ser publicado no primeiro relatório do Surgeon General's Advisory Committee on Smoking and Health, em 11 de janeiro de 1964, pelo Dr. Luther L. Terry, que deu início a uma legislação significativa ao publicar o primeiro relatório do Surgeon General's Advisory Committee on Smoking e ao Congresso dos EUA, e que deu origem a um grande debate público sobre a melhor forma de abordar a cessação do tabagismo e os casos de saúde provocados pelo tabagismo (IARC, 2007 e Sergei, 2014).

2.5 Gene supressor de tumores *TP53*

O gene supressor de tumores (TSG), também conhecido como *TP53*, é um dos genes supressores de tumores mais frequentemente alterados no cancro humano (Greenblatt *et al.*, 1994).

O gene *TP53* tem sido um alvo comum de estudos mutacionais porque a sua proteína, num complexo tetramérico, se liga a sequências específicas de ADN e parece ser um fator de transcrição que pode regular a expressão de outros genes de forma positiva ou negativa (Real, 2007 e Rao *et al.*, 2013). *O TP53* desempenha um papel na transcrição de genes, na reparação do ADN, na função das ciclinas celulares de paragem do ciclo celular, na estabilidade genómica, na segregação do cromossomal, na senescência e na apoptose (Harris, 1996). O gene *TP53* foi descrito pela primeira vez em 1979 como uma proteína que forma complexos estáveis com o antigénio T do vírus SV 40 (Simian vacuolating virus 40 ou Simian virus 40) (Lane e Crawford, 1979). Engloba 16 a 20 quilobases (kb) de ADN dispostos em 11 exões no cromossoma 17 na posição 17p13.1 (Chang *et al.*, 1993 e Mitra *et al.*, 2006).

O TP53 humano produz um transcrito de mRNA de 2,8 kb que codifica um gene de 53 kDa e 393 aminoácidos com domínios funcionais (Figura 1.1), domínios evolutivamente conservados e regiões de pontos quentes mutacionais (Horn *et al.*, 2014). *O TP53* medeia a ativação transcricional de genes envolvidos na paragem do ciclo celular após danos no ADN, como o fator de paragem do crescimento e danos (GADD45) (Pinsky *et al.*, 2013). Se essa reparação não for bem sucedida, a existência de *TP53* normal pode, em alternativa, estimular a morte celular programada (apoptose) (Sequist *et al.*, 2013).

A inativação do *TP53* tem um significado perigoso na carcinogénese, uma vez que não só leva a uma maior replicação das células, mas também a uma maior replicação de células danificadas pelo ADN, algumas das quais podem inativar genes supressores de tumores ou ativar oncogenes, ou ambos (Wender *et al.*, 2013).

A correlação entre a disfunção do *TP53* e o cancro foi obviamente confirmada (Kastan *et al.*, 1992).

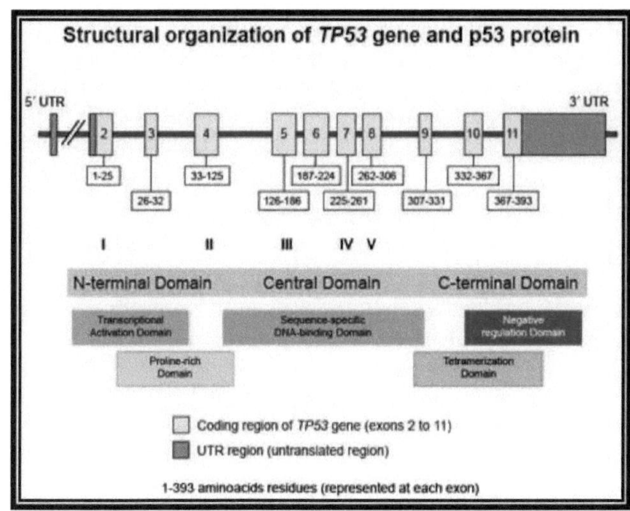

Figura 1.1: Estrutura do gene *TP53* e da proteína P53 (Schulz, 2007)

Os seres humanos que herdam um alelo *TP53* mutante da linha germinal correm um risco extremo de desenvolver uma diversidade de cancros primários em muitos sistemas de órgãos numa idade precoce (Sagne *et al.*, 2014). Estes tumores incluem sarcomas de tecidos moles, carcinomas da mama, leucemias, tumores cerebrais, carcinomas do pulmão, do pâncreas, da pele e da glândula suprarrenal (Síndrome de Li Fraumeni) (Toguchida *et al.*, 1992; Malkin, 1994 e Leonardi-Bee *et al.*, 2012).

Os ratinhos sem o gene *TP53* desenvolvem-se normalmente, são férteis e imunologicamente competentes, embora desenvolvam um elevado número de neoplasias antes dos 6 meses de idade (Pezeshki, *et al.*, 2006 e Sagne *et al.*, 2014) e incluam uma elevada incidência de adenocarcinomas pulmonares (Lavigueur *et al.*, 1989 e Dela Cruz *et al.*, 2011a). As taxas de desenvolvimento e o espetro dos tumores variam consoante as diferentes estirpes de ratinhos, mas, em geral, uma grande percentagem de ratinhos homozigóticos para o gene *TP53* mutante desenvolve tumores aos 6 meses (Dela Cruz *et al.*, 2011b). Poucos ratinhos heterozigóticos portadores de um único alelo *TP53* de tipo selvagem desenvolvem tumores e quase nenhum ratinho homozigótico de tipo selvagem desenvolve tumores nos primeiros 6 meses de vida. Os ratinhos *deficientes em TP53* são mais sensíveis a alguns agentes carcinogénicos (Harvey *et al.*, 1993 e Kemp *et al.*, 1994).

A proteína *p53* de tipo selvagem tem uma semi-vida curta (minutos) e normalmente não se agrega intracelularmente. Em contraste, numerosas formas mutantes da proteína *TP53* têm meias-vidas prolongadas (horas), o que resulta (IHC) numa agregação intracelular notável da proteína p53 mutante (Wang *et al.*, 2011 e Blandino *et al.*, 2012). Apesar da deteção de mutações por sequenciação de ADN, a amplificação do gene através da tecnologia de Reação em Cadeia da Polimerase (PCR) tem sido considerada a forma típica de deteção de alterações *do TP53* (Melhem *et al.*, 1995 e Almog *et al.*, 2000). Do ponto de vista imuno-histoquímico, apresenta algumas vantagens. Pode identificar alterações *do TP53* que não são detectadas por sequenciação do ADN restrita apenas aos exões conservados (Hall e Lane, 1994; Olivier *et al.*, 2010 e Hollstein *et al.*, 2013). Foi demonstrado que as mutações comuns ocorrem em regiões conservadas do gene, ou seja, nos exões cinco a oito (Sidransky e Hollstein, 1996).

Além disso, um dele do *TP53* desenvolve uma mutação missense e o outro dele é posteriormente perdido por deleção do cromossoma 17, removendo assim todo o *TP53* residual de tipo selvagem da célula, bem como a eliminação do controlo do crescimento do *TP53* (Liu, 2011). A alteração conformacional prolonga a meia-vida da proteína p53 de 6 a 20 minutos para células normais até 6 horas, permitindo assim a sua acumulação no núcleo da célula (Maltzman e Czyzyk, 1984).

O papel do *TP53* na regulação da apoptose induzida por danos no ADN foi sugerido pela primeira vez pelos estudos efectuados com a linha celular de leucemia mieloide Ml, em que a indução da expressão do *TP53* foi associada à apoptose (Yonish Rouach *et al.*, 1991).

A via de apoptose *dependente do TP53* foi mais corroborada pela insuficiência de apoptose em ratinhos *TP53* nulos sujeitos a irradiação (Wiman , 2007), e em células derivadas desses ratinhos após privação de factores de crescimento (Li *et al.*, 2014), e ainda pela perda de função apoptótica em células com p53 mutante (Zhu *et al.*, 2010). Além disso, *o TP53* incita a apoptose através da regulação negativa do gene bcl-2 e da regulação positiva do seu parceiro, o fator de promoção da morte celular, bax (Miyashita *et al.*, 1994 e Selavakumaran *et al.*, 1994).

Os carcinogéneos do fumo do cigarro, como o benzo[a]pireno, estão implicados no desenvolvimento do cancro do pulmão. O benzo[a]pireno induz mutações no gene *TP53* nos sítios 157, 248, 249 e 273. As mesmas posições são os principais pontos críticos de mutação nos cancros do pulmão humanos (Koga *et al.*, 2001). Os danos induzidos pelo benzo[a]pireno no *TP53* ocorrem preferencialmente em nucleótidos que são pontos críticos de mutação no cancro do pulmão. Assim, existe uma ligação direta entre um carcinogéneo definido do fumo do cigarro e as mutações do cancro humano (Cajas-Salazar *et al.* , 2003).

Perwez, (2001) elevou os pontos críticos de mutação do *TP53* nos locais 157, 248 e 249, que foram encontrados em tecidos pulmonares normais de fumadores de cigarros com e sem cancro do pulmão. Os dados são coerentes com a hipótese de que os carcinogéneos químicos, como o benzo[a]pireno presente no fumo do cigarro, provocam mutações do *TP53* nos locais 157, 248 e 249 e que os tecidos pulmonares não tumorais de fumadores com cancro do pulmão apresentam uma elevada carga mutacional *do TP53 nestes* códons. Também Abida *et al.* (2004) mostraram que a transversão G → C nos locais 273 do gene supressor de tumores *TP53* é uma das principais mutações detectadas em tumores humanos, sendo um fator de risco significativo a exposição profissional em combinação com o tabagismo.

2.6 Fumar e o sistema imunitário

A inalação crónica de fumo de cigarro (CS) afecta uma vasta gama de funções imunológicas em seres humanos e animais experimentais, contando com respostas imunitárias inatas e adaptativas. Estes efeitos, actuando como estímulos promotores de tumores ou co-carcinogénicos, podem afetar a carcinogénese relacionada com o tabaco (Mortaz *et al.,* 2012).

Tem-se especulado que muitas das consequências para a saúde da inalação crónica de CS podem dever-se aos seus efeitos indesejáveis no sistema imunitário, bem como ao aumento da predominância de doenças associadas ao CS, em parte devido a alterações induzidas pelo fumo do tabaco nos processos imunitários e inflamatórios (Sopori, 2002).

Postula-se que esta vulnerabilidade acrescida reflecte a mutilação do sistema imunitário induzida pelo fumo do cigarro (Kalra *et al.*, 2000). O fumo do cigarro contém uma grande quantidade de materiais químicos (USDHHS, 2010). Estes materiais contêm carcinogéneos explícitos, toxinas, sólidos reactivos com superfícies quimicamente catalíticas e oxidantes

(Olsen *et al.*, 2016). Os alvos de alteração química incluem lípidos da membrana celular, proteínas, matriz intracelular/escafoldes e matriz extracelular, ADN e organelos (Rahman *et al.*, 2002). Além disso, as alterações na conformação das proteínas celulares produzidas pelo tabagismo podem ser capazes de desencadear respostas secundárias, especialmente a resposta às proteínas desdobradas (Kelsen *et al.*, 2008).

Estudos *in vitro confirmaram* que o extrato de fumo de cigarro ativa as células epiteliais para produzir mediadores pró-inflamatórios como a IL-8 (Ko *et al.*, 2015). O extrato de fumo de cigarro também suprime a imunidade antiviral mediada por IFN tipo I após estimulação com RNA de cadeia dupla, um mímico da replicação viral, e rinovírus em fibroblastos pulmonares e células epiteliais (Bauer *et al.*, 2008 e Eddleston *et al.*, 2011).

Por outro lado, o consumo de cigarros aumenta o número de macrófagos no espaço alveolar dos fumadores e ativa os macrófagos para produzirem mediadores pró-inflamatórios, espécies reactivas de oxigénio e enzimas proteolíticas, proporcionando um mecanismo celular que relaciona o tabagismo com a inflamação e os danos nos tecidos (de Boer *et al.*, 2000 e Pegram *et al.*,2015). Além disso, o consumo de cigarros compromete a capacidade dos macrófagos alveolares de fagocitar bactérias e células apoptóticas (Minematsu *et al.*, 2011)   .

Além disso, o consumo de cigarros provoca uma reação inflamatória aguda caracterizada pela acumulação de neutrófilos e macrófagos nos bronquíolos e alvéolos membranosos dos pulmões, levando à destruição dos anexos alveolares peribronquiolares e, eventualmente, a disfunção pulmonar (Berenson *et al.*, 2006 e Hodge *et al.*, 2007). O estudo de Maeno e colegas (2007) sobre ratinhos deficientes em células T CD8+ mostrou uma resposta inflamatória atenuada e não desenvolveram alargamento do espaço aéreo em resposta à exposição prolongada ao fumo do cigarro.

Além disso, os investigadores examinaram os efeitos do tabagismo na função das células Natural Killer (NK), um tipo de célula linfoide envolvido na vigilância do crescimento tumoral, e obtiveram fortes indícios de que a supressão da ativação das células NK estava relacionada com o aumento das metástases pulmonares em ratinhos expostos ao fumo do cigarro, e o efeito depressivo do tabagismo na função e no número de células NK persiste após a cessação do tabagismo (Mian *et al.*, 2008 e Sun e Lanier, 2011).

Por último, os estudos mostram que o fumo do tabaco tem impacto tanto na imunidade sistémica como na imunidade das mucosas, tendo sido demonstradas alterações na produção de anticorpos (Ab) nas mucosas e na produção sistémica de Ab. Isto inclui o tabagismo passivo, que aumenta o risco de doenças respiratórias (Magnusson e Maternal, 1986 e Bouvet *et al.*, 2002).

2.6.1   Agregado humano de diferenciação 8 (CD8)

Uma glicoproteína expressa na superfície de todos os linfócitos T citotóxicos (CTL), ou células assassinas. Foi descoberta pela primeira vez em ratos como um marcador de superfície celular, de uso prático apenas para diferenciar entre células T citotóxicas e os dois tipos de células T auxiliares (Th) CD4 (Th1 e Th2) (Cole *et al.*, 2008).

Predominantemente, o CD8 é descrito como um co-recetor de função TCR porque se liga ao mesmo MHC que o TCR (Biaoru *et al.*, 2015), embora o CD8 seja principalmente conhecido como um co-recetor, e a prova é muito favorável a esta função. Recentemente, foram obtidos dados que alargam o papel do CD8 ao de um imuno-modulador (Pulko *et al.*, 2016). Estudos anteriores mostraram que as células T CD8 estão inversamente associadas ao trabalho pulmonar tanto no parênquima pulmonar como nas artérias pulmonares, o que sugeriu que as células T CD8, sejam células T citotóxicas ou Tc, podem desempenhar um papel vital na patogénese do tabagismo associado à inflamação pulmonar (Arcaro *et al.,* 2001 e Saito *et al.,* 2016).

Além disso, os trabalhos recentes confirmaram que as Tregs CD8 desempenham funções de regulação imunitária (de la Roche *et al.,* 2016), mas o trabalho anterior estimou que existia uma correlação inversa entre as Tregs CD8 circulantes e o historial de tabagismo (Pulko *et al.,* 2016).

No entanto, muitos estudos *in vitro* mostraram que os ingredientes solúveis extraídos do fumo do cigarro podem diminuir significativamente a propagação e a ativação das células T (Chen *et al*, 2016), no entanto, o efeito do fumo do cigarro nas células T CD8$^+$ continua a não ser absolutamente claro, mas as células T expressam receptores colinérgicos, contando com receptores muscarínicos de acetilcolina (mAChRs ou MRs) e receptores nicotínicos de acetilcolina (nAChRs), e caracterizam uma fonte celular de Ach (Zhou *et al.,* 2015).

2.6.2 Fator de necrose tumoral α (TNF)

O Fator de Necrose Tumoral α (TNF-α), ou cachectina, é uma potente citocina pró-inflamatória que tem um papel significativo no sistema imunitário através da reprodução celular, diferenciação, apoptose e inflamação, (Saevarsdottir *et al.,* 2011 e Hofer *et al.,* 2016). Carswell *et al.* (1975) foi o primeiro a descrever o TNF-α como uma citocina que apresentou uma importante atividade citotóxica após a estimulação do sistema imunitário, e, em (1984) o gene do TNF-a foi clonado, verificou-se que a sua estrutura era homóloga à linfotoxina (LT)-a, da mesma forma, o TNF-a foi incluído no grupo de citocinas denominado superfamília de ligandos TNF (Bradley, 2008).

O gene do TNF-α humano é membro de um cluster de genes do Complexo Principal de Histocompatibilidade (MHC) situado no braço curto do cromossoma 6 (Zhenzhen *et al.,* 2016), que se divide em quatro classes principais, os genes TNF-a mais dois outros membros da superfamília TNF (LT-a e LT-b existem dentro do cluster MHC classe IV (Deleault *et al.,* 2008). O comprimento do gene TNF-α é de cerca de 3 kb , é constituído por quatro exões, esporádicos por três intrões (Mariette *et al.,* 2011).

Até 80 % desta citocina é codificada pelo quarto exão; o primeiro e o segundo exões codificam apenas a sequência principal do péptido nascente (Haynes *et al.,* 2013 e Mercer *et al.,* 2013).

O TNF- α é formado em duas formas; o TNFa solúvel (sTNF- α) que tem cerca de 17 kDa, e o TNF- α ligado à membrana (tmTNFa) que tem cerca de 26 kDa (Charles *et al.,* 2015 e Olsen *et al.,* 2016).

O tabagismo é o fator de risco mais significativo para o desenvolvimento da Doença Pulmonar Obstrutiva Crónica (DPOC). A inalação do fumo do cigarro pode estimular o TNF α produzido pelos macrófagos alveolares, que por sua vez pode promover a formação de metaloproteinases matrex (MMPs), que têm participado na mediação da inflamação das vias respiratórias e dos danos pulmonares (Bradley, 2008 e Charles *et al.,* 2015). Petrescu *et al.* (2010) relataram um nível elevado de TNF-a no soro de fumadores, e existe um desequilíbrio entre os factores pró-inflamatórios e anti-inflamatórios em resultado da exposição ao fumo do tabaco. A concentração de TNF-α é elevada no soro de fumadores pesados saudáveis de uma forma dependente da dose de cigarro. Especulou-se que o nível sérico de TNF-a poderia ser um biomarcador útil para a seleção de fumadores pesados com um risco elevado de desenvolver doenças pulmonares induzidas pelo fumo.

2.7 Factores de stress oxidativo

O stress oxidativo ocorre quando há um aumento de radicais livres, ou espécies reactivas de oxigénio (ERO) no organismo. Os cientistas afirmam que a agregação excessiva de ERO conduz a danos celulares, como lesões no ADN, nas proteínas e nas membranas lipídicas (Bentley *et al.*, 2008). Os ERO

tem estado envolvida na germinação de vários distúrbios fisiológicos, como o envelhecimento prematuro, a síndrome de Down, a diabetes, a asma, o cancro, a artrite, a inflamação, as doenças cardiovasculares, as doenças neurodegenerativas e a aterosclerose (Ballatori *et al.*, 2009a)

Muitos estudos, como os de Russell *et al.* (2002) e Bentley *et al.* (2008), analisaram os efeitos agudos e crónicos do tabagismo nos marcadores de stress oxidativo no ar expirado, no fluido de lavagem bronco-alveolar (BALF) e no sangue, e sugeriram que o tabagismo é um fator de risco para a alteração dos marcadores de stress oxidativo. .

2.7.1 Malondialdeído

O malondialdeído (MDA) é uma substância química muito reactiva composta por três dialdeídos de carbono formados naturalmente como subproduto da peroxidação lipídica de ácidos gordos poli-insaturados (Janero,1990), a peroxidação lipídica é um mecanismo bem estabelecido de danos celulares em seres humanos, animais e plantas, sendo utilizado como índice de stress oxidativo em sistemas biológicos, bem como o MDA produzido através do metabolismo do ácido araquidónico na produção de prostaglandinas (Marnette, 1999). É capaz de se juntar a alguns grupos vitais de moléculas, incluindo ARN, ADN, lipoproteínas e proteínas (Sevilla *et al.*, 1997).

A estimativa dos níveis de MDA nos fluidos e tecidos vitais é utilizada como um sinal significativo de peroxidação lipídica *in vitro* e *in vivo* para diferentes perturbações. O presente estudo incidirá principalmente na química, bioquímica, vias de síntese, deteção e aspectos biológicos da saúde do MDA. Foi demonstrado que o malondialdeído é produzido em diferentes casos e condições de doença crónica, como o tabagismo intenso, a diabetes, as crianças seropositivas para o VIH e a infeção por hepatite C (Jareno *et al.*, 1998 e Lykkesfeldt *et al.*, 2004).

Bamonti *et al.* (2006) sugeriram que o consumo de cigarros, um fator de risco que leva à formação de radicais livres de oxigénio, e um aumento significativo dos níveis de malondialdeído livre no soro dos fumadores.

2.7.2 Glutatião (GSH)

Um dos principais antioxidantes celulares, comummente designado por antioxidante principal do organismo (Gebicki *et al.*, 2010). É um péptido composto por 3 aminoácidos: cisteína, glutamato e glicina, conhecidos precursores da GSH, que se forma a partir destes três precursores em todas as células do organismo (Pace *et al.*, 2013) .

A biossíntese de GSH ocorre intracelularmente como resultado dos esforços colectivos de duas enzimas dependentes de ATP: a Glutamato-Cisteína-Ligase (GCL) e a Glutatião Sintase (GS) (Gould *et al.*, 2010).

A GSH tem uma importância vital para a segurança do pulmão e para a sua função normal, e desempenha muitos outros papéis importantes (Meister e Anderson, 1983), tais como a síntese e reparação do ADN, síntese de proteínas, regulação do crescimento e divisão celular, ativação enzimática, transporte de aminoácidos, catálise enzimática, conjugação com metais pesados e xenobióticos, metabolismo de toxinas, carcinogéneos e xenobióticos (Rahman *et al*, 2006), reforço da função imunitária sistémica e humoral, defesa contra a radiação UV, redução dos danos causados pelos radicais livres, oxirradicais e radiação (Ballatori *et al*., 2009a), metabolização do peróxido de hidrogénio, reciclagem de outros antioxidantes, armazenamento e transporte de cisteína, regulação da homocisteína e participação no metabolismo dos nutrientes (Guizzardi *et al*., 2006)   .

A GSH foi descoberta desde 1889, mas, só há quase 30 anos, é que os investigadores começaram a compreender as suas funções e a descobrir como elevar os seus níveis (Rana *et al*., 2002).

Ballatori *et al*. (2009b) sugeriram que o consumo de cigarros reduziu a GSH, consequência que tem sido implicada na patogénese de doenças relacionadas com o tabagismo, incluindo o cancro do pulmão.

No entanto, o papel desempenhado pelos radicais livres de oxigénio e pelas reacções oxidativas na carcinogénese está bem estabelecido (Tharappel *et al*., 2010). Além disso, a interação dos radicais livres com o ADN provoca a maior parte das fracturas das cadeias de ADN, o que parece ser a principal resposta que conduz à carcinogénese (Gould e Day, 2010). Além disso, o stress oxidativo estimula a alteração funcional da expressão genética e as espécies reactivas de oxigénio geradas pelas células polimorfonucleares activadas, que podem provocar a conversão do ADN nas células vizinhas (Gould *et al*., 2010). Do mesmo modo, o óxido nítrico presente no fumo do cigarro pode estar em concentrações superiores a 500 partes por milhão, actuando assim como uma das fontes externas de óxido nítrico mais importantes para os fumadores. (Sethi e Rochester, 2000).

A GSH no tecido epitelial do trato respiratório desempenha um papel importante na defesa contra oxidantes e danos inflamatórios (Eisner *et al*., 2010), pelo que as alterações no metabolismo alveolar e pulmonar da GSH são uma caraterística importante de várias doenças pulmonares inflamatórias (Pace *et al*., 2013). Foi demonstrada uma diminuição dos níveis de GSH no fluido de revestimento do pulmão na síndrome do desconforto respiratório agudo, na fibrose pulmonar idiopática, em doentes com o vírus da imunodeficiência humana, na fibrose quística e no tabagismo (Gebicki *et al*., 2010).

3. Sujeitos, materiais e métodos

3.1 Temas

3.1.1 Voluntários

O presente estudo envolveu cento e cinquenta voluntários iraquianos aparentemente saudáveis que fumavam intensamente, pelo menos um maço por dia, durante um período não inferior a (5) anos, como grupo de fumadores, e (50) voluntários iraquianos aparentemente saudáveis não fumadores para representar o grupo de controlo. As amostras eram aleatórias, com idades compreendidas entre 14 e 67 anos e de ambos os sexos.

Os voluntários eram dos hospitais Rusafa, acompanhantes de doentes e pessoas para alguns testes de rotina e do pessoal de enfermagem e médico, técnicos e guardas, tendo também sido recolhidas algumas amostras em locais públicos, cafés e cafetarias.

Foi preenchido um formulário de questionário para cada voluntário. O questionário incluía um índice de informação sobre os voluntários fumadores e não fumadores, como a idade e o sexo. Incluía também informações sobre o número de anos de consumo de tabaco, o número de maços de tabaco por dia e a incidência de doenças crónicas e infecciosas nos fumadores (Apêndices 1 e 2). Este estudo estendeu-se desde o início de março de 2014 até ao final de junho de 2016, incluindo seis meses como bolseiro no Biomaterial Laboratory/University of Missouri/Columbia/USA, sob supervisão do Prof. Raghuraman Kannan.

3.1.2 . Animais de laboratório

Quarenta ratos albinos machos, com vinte semanas de idade e pesos compreendidos entre 28 e 32 g, foram adquiridos aos Charles River Laboratories, alojados e alimentados de acordo com Vodopich e Moor (1992). Foram alimentados com uma dieta basal (pellets normais para roedores) e beberam água esterilizada. Os ratos foram colocados em gaiolas de plástico de (30×15×12 cm), cada uma contendo (10) ratos, com o chão coberto por serradura macia. As gaiolas foram mantidas limpas a uma temperatura de (20-28° C).

3.2 Materiais

3.2.1 Aparelhos e equipamentos

Os aparelhos e equipamentos utilizados neste estudo e as suas origens estão listados na tabela (3.1).

Tabela 3.1: Aparelhos e equipamentos utilizados neste estudo

Aparelhos	Empresa	País
Autoclave	Sigma	EUA
Contentores para resíduos com risco biológico	Sigma	EUA
Centrifugadora	Sigma	EUA
Frascos para coloração de Coplin	Sigma	EUA
Condessa	Sigma	EUA
Tábua de cortar	Sigma	EUA
Câmara digital a cores	Ted pella	EUA

Balança eletrónica	Mettler Tdedo	EUA
ELISA- Incubadora.	Thermo fisher	EUA
ELISA - micropipeta.	AIE	EUA
Leitores ELISA	Biocomparador	EUA
Máquina de lavar ELISA.	Thermo fisher	EUA
Fórceps e pinças	Sigma	EUA
Congelador(-20)	Geral	EUA
Sistema de eletroforese em gel	Ciências principais	Japão
Hemocitómetro	Sigma	EUA
Incubadora	Fisher Scientific	EUA
Microscópio invertido	Ted pella	EUA
Microscópio de luz	Ted pella	EUA
recipiente de azoto líquido	Sigma	EUA
Micrótomo rotativo manual	Ted pella	EUA
Micro centrifugadora	Sigma	EUA
Micropipetas	Sigma	EUA
Micro-ondas	Ted pella	EUA
Nano gota	BioNeer	Coreia
Dispensador de parafina	Ted pella	EUA
Frigorífico	Fisher Scientific	EUA
Lâmina de corte	Thomas Scientific	EUA
Secador de slides	Ted pella	EUA
Aquecedor de slides	Ted pella	EUA
Termociclador (PCR)	Thermo fisher	EUA
Banho de água para flutuação de tecidos	Ted pella	EUA
Transiluminadores UV	Vilberlourmat	Japão
Forno de vácuo	Ted pella	EUA
Recipiente para armadilhas de vácuo	Sigma	EUA
Vórtice	Sigma	EUA
Banho de água	Sigma	EUA

3.2.2 Materiais descartáveis

Os materiais descartáveis utilizados neste estudo e as suas fontes são apresentados na tabela (3.2).

Tabela 3.2: Materiais descartáveis utilizados neste estudo

Descartável	Empresa	País
Toalhetes de papel absorvente	IME	EUA
Lata de eliminação de lâminas	Grainger.	EUA
Pontas azuis (1000 µL)	Sigma	EUA
Algodão	Samara	Iraque
Folhas de cobertura	Sigma	EUA
Pipetas de vidro descartáveis	Sigma	EUA
Tubos de ensaio de vacutainer com EDTA 5mL	AFCO	Jordânia
Tubos Eppendorf 1,5 ml	Sigma	EUA
Tubo de ensaio de gel vacutainer 6ml	AFCO	Jordânia
Luvas	Sigma	EUA
Tubo de microcentrifugação (1,5 ml)	Sigma	EUA
Tubo eppendorf PCR	Sigma	EUA
Tubo de plano	Afco-dispo	Jordânia
Deslizamentos	Sigma	EUA
Seringas e agulhas	Medeco	EMIRADOS ÁRABES UNIDOS
Pontas brancas (0,5 µL)	Sigma	EUA
Pontas amarelas (100µL)	Sigma	EUA

3.2.3 Produtos químicos

Os produtos químicos utilizados neste estudo e as suas fontes são descritos no quadro (3.3).

Tabela 3.3: Produtos químicos utilizados no estudo

Produtos químicos	Empresa	País
Etanol absoluto	Sigma	EUA
Agarose	Promega	EUA
Alcohol 70%,80%,90%,95%,99%100%	Sigma	EUA
Diluente de anticorpos	Abcam	EUA
Anticorpo anti-p53 (phospho S15)	Abcam	EUA
ddH2O	Sigma	EUA
Marcador de escada de ADN (100 bp)	Promega	EUA
Tampão EDTA100X, (pH 8,0)	Abcam	EUA

Eosina	Sigma	EUA
Brometo de etídio	Promega	EUA
Formalina (10%)	Sigma	EUA
Ácido fórmico (99%)	Sigma	EUA
Água destilada de nuclease livre	Promega	EUA
Gentamicina (50 mg/ml).	Sigma	EUA
Ácido acético glacial	Sigma	EUA
Hematoxilina	Sigma	EUA
Ácido clorídrico	Sigma	EUA
Carregamento de corante	promega	EUA
Hematoxilina de Meyer	Sigma	EUA
Nicotina	Sigma	EUA
Parafina	Sigma	EUA
Pré-mistura para PCR (master mix)	Promega	EUA
Meio de montagem histológica Permount	Fisher Scientific	EUA
Solução salina tamponada com fosfato 0,01 M, pH 7,4 (PBS)	Sigma	EUA
Meio RPMI 1640	Sigma	EUA
Scott's Água da Torneira Concentrada 10 ×	Sigma	EUA
Hidróxido de sódio1N	Sigma	EUA
Tampão TBE (10x) (Tris-Borato EDTA)	Promega	EUA
Tampão TBS-T 20x TBS-T com Tween 20	Abcam	EUA
Tampão Tris-EDTA100X, (pH 9,0)	Abcam	EUA
Azul de tripano	Thermo fisher	EUA
Tripsina -EDTA	Sigma	EUA
Xileno	Sigma	EUA

3.2.4 Kits

Os kits que foram utilizados neste estudo e as suas fontes são apresentados no quadro (3.4).

Tabela 3.4: Kits e suas empresas e origens

Kit	Empresa	País
Kit de substrato DAB (ab94665)	Abcam.	EUA
Kit de purificação de ADN genómico	BioNeer	Coreia
Kit de glutatião GSH	Abnova	Taiwan
Clusters de Diferenciação 8 (CD8) Humanos Kit	Tempo de vida	EUA

ELISA	Biociências	
Kit TNF-α ELISA da Invitrogen	Invitrogénio	EUA
Kit Malondialdeído (MDA)	abcam	EUA
Kit IHC de polímero de ratinho em ratinho	abcam	EUA
Kit MTT	ACCT	EUA
Kit de ensaio de apoptose multiparâmetro	Abnova	Taiwan
Kit de mistura principal para PCR	Promega	EUA

3.3 Métodos

3.3.1 Colheita de sangue

Foram obtidos dez ml de amostras de sangue venoso de cada fumador e indivíduo de controlo através de uma seringa descartável esterilizada em condições estéreis, tendo cada amostra sido dividida em três partes:

- A primeira (2 ml) foi recolhida em tubos anticoagulantes com EDTA e armazenada a (-20 ° C) para extração de ADN

- O segundo (4 ml) foi recolhido com tubos anticoagulantes com EDTA e centrifugado a (3000 rpm) durante (10 min) a (4 °C). Em seguida, a camada superior de plasma foi transferida para um novo tubo, armazenado a (-20 °C) para medição do malondialdeído (MDA) e do glutatião (GSH).

- A terceira parte (4 ml) do sangue foi colocada num tubo de férias estéril, deixada em repouso durante duas horas à temperatura ambiente (18-25°C) e depois centrifugada a (3000 rpm) durante (5 min). O soro foi separado e armazenado a (-20°C) até ser necessário para a deteção de CD8 e TNF pela técnica ELISA.

3.3.2 Extração de ADN do sangue total

O ADN genómico foi isolado do sangue congelado de acordo com Kooshyar *et al.* (2015), utilizando kits de purificação de ADN genómico (Bioneer) Coreia do Sul. O conteúdo do kit é ilustrado na tabela (3.5).

Tabela 3.5: Conteúdo do kit de extração de ADN

Componentes	Quantidade
Tampão de ligação (GC)	25 ml
Tampão de eluição (EL)	30 ml
Proteinase K, liofilizada	25 mg Dissolver em 1,25 ml de água sem nuclease.
Wahsingbuffer 1 (W1)	40 ml
Tampão de lavagem 2 (W2)	20 ml

3.3.2.1 Procedimento de ensaio de extração de ADN

1. Foram adicionados 20 microlitros de proteinase K (20 mg/ml) a um tubo limpo (1,5 ml).

2. Em seguida, adicionaram-se (200 µl) de sangue total ao tubo que continha proteinase K.

3. Adicionou-se uma quantidade de (200µl) de tampão GC à amostra e misturou-se com um misturador vortex.

4. A mistura foi incubada a (60°C) durante (10 min).

5. Adicionaram-se 100 microlitros de isopropanol.

6. O lisado foi cuidadosamente transferido para o reservatório superior do tubo da coluna de aglutinação (que cabe num tubo de 2 ml).

7. Os tubos foram centrifugados a (8000 rpm) durante (1 min).

8. O tubo da coluna de ligação foi transferido para um novo tubo (2 ml) para filtração.

9. Foram adicionados 500 microlitros de tampão de lavagem 1 (w1) e centrifugados a 8000 rpm durante 1 minuto.

10. Abriram-se os tubos e eliminou-se a solução que escorreu do filtro.

11. Adicionou-se cuidadosamente uma quantidade de (500 µl) de tampão de lavagem 2 (W2) e centrifugou-se a (8000 rpm) durante (1 min).

12. Em seguida, a mistura foi centrifugada novamente a (12000 rpm) durante (1 min) para remover o etanol.

13. O tubo da coluna de ligação foi transferido para um novo tubo (1,5 ml) para eluição e adicionou-se (200 µl) de tampão de eluição ao tubo da coluna de ligação.

14. Os tubos foram centrifugados a (8000 rpm) durante um minuto.

15. Finalmente, o ADN purificado foi conservado a (-20°C).

3.3.3 Protocolo de eletroforese em gel

Após a extração do ADN, foi adoptada a eletroforese em gel de agarose para confirmar a presença e a integridade do ADN extraído, de acordo com Sambrook e Russel (2001).

3.3.3.1 Preparação do gel de agarose

O gel de agarose foi preparado da seguinte forma:

1. Cem ml de tampão TBE 10X (como solução-mãe) foram adicionados a (900) ml de água destilada para preparar o tampão TBE 1X.

2. Deitaram-se 50 mililitros de TBE 1X num copo e adicionaram-se 0,5 g de pó de agarose para preparar agarose (1%) para a eletroforese em gel do ADN.

3. Foi adicionada uma quantidade de (1) gm de pó de agarose a (50) mililitros de tampão TBE 1X para preparar (2%) de agarose para a eletroforese em gel dos produtos PCR.

4. A solução foi aquecida até ao ponto de ebulição utilizando um micro-ondas para dissolver todas as partículas de gel.

5. Adicionou-se brometo de etídio (0,5 µl) de (10mg/ml) à solução de agarose, misturou-se suavemente para evitar bolhas e guardou-se no escuro.

6. A mistura foi deixada a arrefecer a (50 - 60° C) antes de ser vertida para um recipiente de gel.

3.3.3.2 Moldagem do gel de agarose horizontal

A moldagem do gel de agarose horizontal foi efectuada de acordo com Sambrook e Russel (2001). Verteu-se suavemente a solução de agarose para o tabuleiro de gel, fixou-se o pente e deixou-se a agarose solidificar à temperatura ambiente (18-25° C) durante (30 min), depois o pente foi retirado cuidadosamente, o tabuleiro de gel foi colocado no tanque de gel, que estava cheio com tampão TBE 1X, durante (1-2 mm) sobre a superfície do gel.

3.3.3.3 Carregamento de ADN e eletroforese

Foram misturados 3 µl de corante azul de bromofenol com (7µl) de ADN. As amostras foram cuidadosamente colocadas nos poços individuais do gel e, em seguida, a energia eléctrica foi ligada a (70 volt/cm^2) durante (30 min). Durante este período, o ADN foi movido do pólo catódico (-) para o pólo anódico (+). As bandas coradas com brometo de etídio no gel foram visualizadas utilizando transiluminadores UV a 350 nm e fotografadas.

3.3.4 Estimativa da concentração e pureza do ADN

A estimativa da concentração de ADN e da pureza do ADN foi efectuada de acordo com Sambrook e Russell (2001), utilizando Nanodrop. O ADN foi diluído com tampão TE a 1:100 e, em seguida, foi retirado (1µl) para detetar a concentração em ng/µl. A pureza foi determinada dentro do rácio aceite de 260/280 nm para detetar a contaminação proteica nas amostras.

3.3.5 Amplificação dos exões do *TP53*

A Reação em Cadeia da Polimerase (PCR) foi realizada utilizando pares de primers específicos fornecidos pela Alpha DNA Company/Canadá, como um produto liofilizado de diferentes concentrações de picomóis. Os primers liofilizados foram centrifugados à velocidade máxima de 1000 rpm durante (3 min) para garantir que não existem partículas empilhadas na tampa e, em seguida, foi preparada uma solução de stock (100 pmol/µl) de primer dissolvendo o primer liofilizado em (382 µl) de água livre de DNase/RNase. Para preparar a concentração (10µM) do primer de trabalho, (10µl) foi ressuspendido em (90 µl) de água desionizada. As sequências dos primers foram apresentadas na tabela (3.6).

Tabela 3.6: Sequências dos primers utilizados neste estudo

Cartilha	Tamanho bp	Avançar
Ex 5-F Ex 5-R	588	TGTAAAACGACGGCCAGTGCTACAACCAGGAGCCATTGTC CAGGAAACAGCTATGACCCACCTACCTGGAGCTGGAGAGCTTA
Ex 6-F Ex 6-R	248	TGTAAAACGACGGCCAGTAGGCTAAGCTATGATGTTCCTTAGATTAGG CAGGAAACAGCTATGACCTCCTGGTTGTAGCTAACTAACTTCAGA
Ex 7-F Ex 7-R	488	TGTAAAACGACGGCCAGTGGCTGGGAGTTGCGGAGAAT CAGGAAACAGCTATGACCGCAGTTTCTACTAAATGCATGTTGCTT
Ex 8-F Ex 8-R	578	TGTAAAACGACGGCCAGTCAAGTCTTGGTGGATCCAGATCAT CAGGAAACAGCTATGACCCCACTGAACAAGTTGGCCTGC

3.3.5.1 Componente e preparação Pré-mistura para PCR

A mistura principal GoTaq Green é constituída por ADN polimerase fornecida em tampão de reação GoTaq Green 2x (pH 8,5), dNTPs (10 mM) e MgCl2 (25 mM). A mistura principal foi descongelada à temperatura ambiente e depois misturada novamente em vórtex durante cerca de 15 segundos, tendo sido centrifugada brevemente numa microcentrifugadora para recolher o líquido residual dos lados do tubo.

3.3.5.2 Componente da reação de PCR

Os componentes da PCR eram os ilustrados na tabela (3.7). Vinte e cinco microlitros de volume de reacções da mistura PCR foram colocados em tubos eppendorf e depois colocados no dispositivo PCR e a amplificação PCR foi realizada de acordo com o programa apresentado na tabela (3.8).

Tabela 3.7: Componentes da PCR para amplificação dos exões do *TP53*

Componente	Quantidade (µl)
GoTaq Green Master mix	12.5
F- Primário (10 µM)	0.75
Primário R- (10 µM)	0.75
D.W	9
Amostra de ADN	2
Volume final	25 µl

Tabela 3.8: Programa de amplificação por PCR para os exões do *TP53*

Exon	Desnaturação inicial	Desnaturação	Recozimento	Extensão	Extensão final
5	95°C 5Min/ ciclo	95°C 30 segundos/35 ciclos	56°C 30 seg. /35 ciclos	72°C 30 seg. /35 ciclos	72°C 7Min/ ciclo
6	95°C 5Min/ ciclo	95°C 30 segundos/35 ciclos	55°C 30 seg. /35 ciclos	72°C 30 seg. /35 ciclos	72°C 7Min/ ciclo
7	95°C 5Min/ ciclo	95°C 30 segundos/35 ciclos	58°C 30 seg. /35 ciclos	72°C 30 seg. /35 ciclos	72°C 7Min/ ciclo
8	95°C 5Min/ ciclo	95°C 30 seg. /35 ciclos	53°C 30 seg. /35 ciclos	72°C 30 seg. /35 ciclos	72°C 7Min/ ciclo

3.3.5.3 Deteção de produtos PCR por eletroforese em agarose

Cinco µl de produtos amplificados foram analisados por eletroforese em gel de agarose (2%) que foi corado com brometo de etídio (0,5 µg /ml), a (70 volt/cm^2) durante (1) hora, em tampão 1 X TBE. Depois disso, foi visualizado sob luz UV utilizando um transiluminador ultravioleta. Foi utilizada uma escada de ADN (100 pb) e o gel foi fotografado com uma câmara digital.

3.3.5.4 Sequenciação de produtos PCR

Para detetar a mutação nos exões do *TP53*, o produto da PCR para cada prime r foi enviado para a Macrogen Company (EUA) para sequenciação. As sequências destas amostras foram analisadas utilizando o sítio NCBI e o programa T-COFFEE.

3.4 Estudo serológico

3.4.1 Estimativa do agrupamento humano de diferenciação 8 (CD8)

O soro que foi preparado e armazenado a (-20°C) como mencionado em (3.3.1) foi utilizado para estimar o CD8 humano pela técnica ELISA de acordo com Pegram *et al.* (2015). Os reagentes e materiais utilizados no teste CD8- ELISA estão ilustrados na tabela (3.9).

Quadro 3.9: Conteúdo do kit ELISA para CD8

Componentes	Quantidade
Seladoras de placas adesivas	4
Anticorpo de deteção biotinilado (100x)	1 frasco (120 µl)
Anticorpo de deteção biotinilado Diluente	1 frasco (10 ml)
Placa de tiras de 96 poços revestida	1
Conjugado HRP (100x)	1 frasco (120 µl).
Diluente do conjugado de HRP	1 frasco (10 ml)
Diluente de amostra	1 frasco (20 ml)
Padrão (liofilizado)	2 frascos (80 ng/ml
Solução de paragem	1 frasco (10 ml)
Substrato TMB	1 frasco (10 ml)
Tampão de lavagem (25x)	1 frasco (30 ml)

3.4.1.1 Princípio do teste

Foi utilizado o método Sandwich-ELISA para estimar o nível de CD8, a placa micro ELISA foi revestida com anticorpo CD8, foram adicionados padrões e amostras para combinar com o anticorpo CD8.

Em seguida, o conjugado Avidina-Peroxidase de rábano (HRP) e o anticorpo de deteção biotinilado foram adicionados sucessivamente aos poços e incubados.

Em seguida, foi adicionada a solução de substrato. Os poços do conjugado Avidina-HRP, do anticorpo de deteção biotinilado e do CD8 apresentaram uma coloração azul.

Esta cor passou a amarelo quando foi adicionada uma solução de ácido sulfúrico, o que interrompeu a reação da enzima-substrato.

A densidade ótica (DO) foi medida espectrofotometricamente utilizando leitores ELISA a um comprimento de onda de 450 nm ± 2 nm. O valor da DO foi proporcional à concentração de CD8.

3.4.1.2 Preparação de reagentes

1. Todos os componentes do kit e as amostras foram levados à temperatura ambiente (18-25 °C) antes da utilização.

2. O padrão (80 ng/ml) foi reconstituído com (1,0 ml) de diluente de amostra, incubado à temperatura ambiente (18-25°C) durante (10 min) com agitação suave. Em seguida, foram efectuadas diluições em série de (40 ng/ml), (20 ng/ml), (10 ng/ml), (5 ng/ml), (2,5 ng/ml) e (1,25 ng/ml) (Apêndice 3).

3. A quantidade (750 ml) de tampão de lavagem de trabalho foi preparada diluindo a quantidade fornecida (30 ml) de tampão de lavagem 25x concentrado com (720 ml) de água

destilada. Depois de preparado, o tampão de lavagem deve ser armazenado a (4°C).

4. O anticorpo de deteção biotinilado 1x foi preparado utilizando o diluente do anticorpo de deteção biotinilado (1:100).

5. O conjugado de HRP foi diluído utilizando o diluente do conjugado de HRP (1:100).

3.4.1.3 Procedimento de ensaio

1. Adicionaram-se 100 microlitros de padrão diluído, branco e amostras aos poços adequados. A placa foi coberta com o selo da placa e incubada durante (90 min) a (37°C), depois o líquido de cada poço foi aspirado.

2. Adicionaram-se cem microlitros de solução de trabalho de anticorpo de deteção biotinilado 1x a cada poço e incubou-se durante (1) hora a (37°C) depois de cobrir com o selo da placa.

3. O líquido em cada poço foi aspirado e lavado três vezes com (350) µl de solução de lavagem 1x, deixando cada lavagem repousar durante (1-2) minutos antes de aspirar completamente. Após a última lavagem, o líquido foi aspirado para remover qualquer tampão de lavagem restante e, em seguida, a placa e a torneira foram invertidas contra um papel absorvente limpo.

4. Adicionaram-se cem microlitros de solução de trabalho de conjugado HRP 1x a cada poço, incubou-se durante (1) hora a (37°C) e cobriu-se com o selo da placa.

5. O processo de aspiração e lavagem foi repetido cinco vezes, tal como referido na terceira etapa.

6. Adicionaram-se 90 microlitros de solução de substrato TMB a cada poço e cobriu-se com o selo da placa, incubando-se depois durante (15) minutos a (37°C), no escuro, o líquido tornou-se azul após a adição.

7. Foram adicionados 50 microlitros de solução de paragem (ácido sulfúrico) a cada poço, o líquido tornou-se amarelo com a adição da solução de paragem.

8. Removeram-se as gotas de água e as impressões digitais do fundo da placa e, em seguida, colocou-se o leitor de microplacas em funcionamento, efectuando-se imediatamente a medição a 450 nm.

3.4.2 Avaliação do fator de necrose tumoral alfa humano (Hu TNF-α)

O TNF-α humano em amostras de soro foi medido por ELISA de acordo com Aukrust (1994). Os reagentes e matrizes utilizados no kit TNF-α ELISA estão resumidos na tabela (3.10).

Quadro 3.10: Componentes do kit ELISA para o TNF-α.

Componentes	Quantidade
Hu TNF-α Antibody-Coated Wells, 96 poços por placa.	1 placa
Conjugado de biotina Hu TNF-α	1 frasco (11 ml)
Hu TNF-α Padrão.	2 frascos
Tampão de incubação	1 frasco (11 ml)
Tampas de placa, tiras adesivas	3

Cromogénio estabilizado	1 frasco (25 ml)
Tampão Diluente Padrão	1 frasco (25 ml)
Solução de paragem	1 frasco (25 ml)
Diluente de estreptavidina-peroxidase (HRP)	1 frasco (25 ml)
Estreptavidina-Peroxidase (HRP), (100x)	1 frasco (0,125 ml)
Tampão de lavagem (25X)	1 garrafa (100 ml)

3.4.2.1 Princípio do teste

A placa ELISA foi pré-revestida com um anticorpo monoclonal específico para Hu TNF-α. Foram adicionados a estes poços padrões de Hu TNF-α conhecido, controlo e amostras, que foram incubados. O antigénio TNF-α foi combinado com o anticorpo imobilizado (de captura) num local. O anticorpo monoclonal biotinilado específico para Hu TNF-α foi adicionado sucessivamente a cada poço da microplaca e incubado; este anticorpo foi combinado com o Hu TNF-α imobilizado capturado através da primeira incubação.

Foi adicionada estreptavidina-peroxidase (enzima) e incubada; foi combinada com o anticorpo monoclonal biotinilado para formar a sanduíche de quatro partes.

A solução de substrato foi adicionada para se ligar à enzima e produzir a cor, que é diretamente proporcional à concentração de Hu TNF-α nas amostras.

3.4.2.2 Preparação de reagentes

1. O padrão foi reconstituído para (2000 pg/ml) com tampão diluente padrão, misturado suavemente e deixado em repouso durante (10) minutos.

2. Adicionou-se uma quantidade (0,300 ml) do padrão reconstituído a um tubo contendo (0,300 ml) de tampão diluente padrão, rotulado como (1000 pg/ml) Hu TNF-α., e misturou-se.

3. Foram efectuadas diluições em série do padrão (500, 250, 125, 62,5, 31,2 e 15,6 pg/ml) de Hu TNF-α (apêndice 3).

4. Dez microlitros de solução concentrada HRP 100x foram diluídos com (1 ml) de diluente Streptavidin-HRP e rotulados como solução de trabalho Streptavidin-HRP.

5. Deixou-se o concentrado de tampão de lavagem (25X) atingir a temperatura ambiente (18-25°C) e misturou-se para assegurar a redissolução de quaisquer sais precipitados.

6. Um volume do concentrado de tampão de lavagem (25X) foi diluído com (24) volumes de água desionizada, rotulado como tampão de lavagem de trabalho.

3.4.2.3 Procedimento de ensaio

1. Foram adicionados 50 microlitros de tampão de incubação a todos os poços; os poços reservados para o branco de cromogénio foram deixados vazios.

2. Adicionaram-se cem microlitros do tampão diluente padrão a todos os poços, exceto aos poços reservados para o branco de cromogénio.

3. Foram adicionados aos poços 100 microlitros de padrões, amostras ou controlos.

4. A placa foi coberta com uma tampa de placa e incubada durante 2 horas à temperatura ambiente (18-25° C).

5. A solução foi cuidadosamente aspirada dos poços e rejeitada, tendo os poços sido lavados 4 vezes.

6. Adicionaram-se cem microlitros de solução de anti-TNF-α biotinilado (conjugado de biotina) a cada poço, exceto aos espaços em branco de cromogéneo, e, em seguida, bateu-se suavemente na placa para misturar.

7. A placa foi coberta com a tampa da placa e incubada durante 1 hora à temperatura ambiente (18-25º C).

8. A solução foi cuidadosamente aspirada dos poços e rejeitada, tendo os poços sido lavados 4 vezes.

9. Foram adicionados cem microlitros de solução de trabalho de estreptavidina-HRP a cada poço, exceto aos espaços em branco de cromogénio.

10. A placa foi coberta com a tampa da placa e incubada durante 30 minutos à temperatura ambiente (18-25º C).

11. A solução foi cuidadosamente aspirada dos poços e rejeitada, tendo os poços sido lavados 4 vezes.

12. Adicionaram-se cem microlitros de cromogénio estabilizado a cada poço. O líquido nos poços tornou-se azul.

13. A incubação foi efectuada durante (30) minutos à temperatura ambiente (1825°C) e no escuro.

14. Foram adicionados cem microlitros de solução de paragem a cada poço, o líquido tornou-se amarelo com a adição da solução de paragem.

15. A medição da absorvância foi efectuada 30 minutos após a adição da solução de paragem a 450 nm, utilizando um leitor de microplacas.

3.5 Estudo de medição dos factores oxidantes

3.5.1 Medição dos níveis de malondialdeído (MDA) no plasma de fumadores e não fumadores

O malondialdeído (MDA) foi medido nas amostras de plasma utilizando o ácido tio-barbitúrico (TBA), de acordo com Qiao (2016). Os reagentes e os materiais utilizados no kit MDA estão descritos na tabela (3.11).

Quadro 3.11: Componentes do kit de MDA

Artigo	Quantidade
BHT (100X)	1 ml
MDA Standard (4,17 M)	100 µl
Solução de ácido fosfotúngstico	12,5 ml
Solução TBA	1gm (4 frascos)

3.5.1.1 Preparação de reagentes

Todos os reagentes foram preparados para utilização tal como fornecidos, exceto a solução de TBA, que foi preparada adicionando (1 g) de TBA em (7,5 ml) de ácido acético glacial, depois a lama foi transferida para outro tubo e o volume final foi ajustado para (25 ml) com água bidestilada (DDW- ddH2O), misturando bem para dissolver.

3.5.1.2 Procedimento de ensaio

1. Dez microlitros de plasma foram misturados suavemente com (500 µl) de (42 mM) H2SO4 num tubo de microcentrifugação.

2. Foi adicionada uma quantidade (125 µl) de solução de ácido fosfotúngstico e misturada por agitação em vórtice, incubada à temperatura ambiente (18-25°C) durante (5) minutos.

3. Centrifugação a (13000 rpm) durante (3) minutos, depois o sedimento foi recolhido e ressuspendido em gelo com (100) microlitros de ddH2O com (2 µl) de hidroxitolueno butilado (BHT100X).

4. O volume final foi ajustado para (200 µl) com ddH2O.

5. Foi adicionada uma quantidade de (600 µl) de reagente TBA a cada poço contendo (200 µl) de padrão e (200 µl) de amostra para gerar o aduto MDA-TBA.

6. A placa foi incubada a (95°C) durante 60 minutos, arrefecida à temperatura ambiente (18-25°C) num banho de gelo durante 10 minutos.

7. Uma quantidade de (200 µl) da mistura de TBA/padrão e (200 µl) da mistura de TBA/amostra foi retirada de cada uma das microplacas de 96 poços para análise imediata num leitor de microplacas a (OD 532 nm) para ensaio colorimétrico (para o branco, é utilizada água em vez da amostra).

3.5.2 Determinação do glutatião (GSH) no plasma de fumadores

A medição da concentração de GSH foi efectuada pelo reagente de Ellman - DTNB (ácido 5,5'-ditiobis-[2-nitrobenzóico]) de acordo com Anderson (1996). Os reagentes e mat eriais utilizados no kit GSH estão resumidos na tabela (3.12).

Tabela 3.12: Componentes do kit de GSH

Componente	Quantidade
Tampão de reação de glutatião	100 ml
Glutatião Reductase (liofilizado)	2 frascos
Substrato de glutatião (DTNB)	2 frascos
GSH Standard (liofilizado, MW 307)	2 (1 mg)
Mistura geradora de NADPH (liofilizada)	2 frascos
Ácido Sulfo Salicílico (SSA)	1 garrafa (1grama)

3.5.2.1 Preparação de reagentes.

1. Para preparar o substrato, adicionou-se um mililitro de tampão de glutatião a (1) frasco de substrato e dissolveu-se completamente.

2. Adicionou-se um mililitro de tampão de glutatião a (1) frasco da mistura geradora de NADPH para gerar a mistura geradora de Nicotinamida Adenina Dinucleótido Fosfato (NADPH).

3. Adicionou-se um mililitro de tampão de glutatião a (1) frasco de glutatião redutase e dissolveu-se para preparar a glutatião redutase.

4. Dezanove mililitros de dH2O foram adicionados a (1) frasco de Ácido Sulfo Salicílico

(SSA) para fazer uma solução (5%), depois (5 ml) da solução foram diluídos com tampão de glutationa para fazer uma solução (1%) de SSA.

5. Um mililitro de (1%) SSA foi adicionado ao frasco padrão de GSH para gerar (1µg/µl) de solução padrão de GSH.

6. Vinte microlitros de glutatião redutase foram bem misturados com (120 µl) de tampão de reação de glutatião e (20 µl) de mistura geradora de NADPH, para preparar a mistura de reação.

3.5.2.2 Procedimento de ensaio

1. O plasma foi adicionado a (1/4 vol) de (5%) de SSA, bem misturado e centrifugado a (8000 rpm) durante (10 min) a (4°C), depois o sobrenadante foi transferido para um novo tubo.

2. Foi adicionada uma quantidade de (160 µl) da mistura de reação a cada uma das placas de 96 poços.

3. As placas foram incubadas à temperatura ambiente durante (10) minutos para gerar NADPH.

4. Foram adicionados 20 microlitros das soluções padrão de GSH ou da solução de amostra às placas e incubadas à temperatura ambiente (18-25° C) durante 5-10 minutos.

5. Foram adicionados 20 microlitros de solução de substrato de glutatião DTNB a todas as placas e depois incubadas à temperatura ambiente (18- 25°C) durante 5-10 min.

10. A absorvância foi lida a (415 nm), utilizando um leitor de microplacas (para o branco, é utilizada água em vez da amostra).

3.6 Deteção do efeito da nicotina em linhas celulares (estudo *in vitro*)

Estas experiências foram realizadas para detetar o efeito da nicotina em linhas celulares, no laboratório de linhas celulares / Universidade de Missouri / EUA, utilizando linhas celulares de cancro do pulmão (H460 *TP53+/+*, H441 *TP53-/-*). A informação sobre estas células é ilustrada na tabela (3.13).

Quadro 3.13: Linhas celulares de cancro do pulmão (H460 *TP53+/+*, H441 *TP53-/-*)

Célula	Tipo	Órgão	Propriedades	Empresa	Origem
H441	Homo sapiens	pulmão	Ausência de tipo selvagem de *TP53*	ATCC	EUA
H460	Homo sapiens	pulmão	Possuem o tipo selvagem de *TP53*	ATCC	EUA

3.6.1 Preparação de reagentes para cultura de células

Estas soluções foram preparadas de acordo com Freshney (1994):

1. O meio de cultura de tecidos foi preparado misturando (450 ml) de meio de crescimento do Roswell Park Memorial Institute (RPMI 1640) com (50 ml) de soro fetal bovino (10%) e (0,5 ml) de gentamicina (50 mg/ml).

2. Dez (10x) soluções-mãe de tampão fosfato salino (PBS) foram diluídas para 1x com água autoclavada, misturando (450 ml) de água com (50 ml) de solução-mãe de PBS.

3. Adicionaram-se dez mililitros de (10 x) solução-mãe de tripsina-EDTA a (90 ml) de PBS para obter 1 x solução de tripsina-EDTA.

4. Uma quantidade de (19 ml) de (95%) RPMI-1640 mais (10%) FBS foi adicionada a (1 ml) de (5%) DMSO para obter (20 ml) de meio de congelação.

5. Os frascos de suspensão de células em fase logarítmica foram centrifugados (4000 rpm) a (20°C) durante (10 min), o sobrenadante foi removido e, em seguida, as células foram ressuspendidas num meio de congelação.

6. Posteriormente, os frascos foram colocados no congelador (-70° C), após (1-3) dias, foram transferidos para caixas de congelação normais e colocados num recipiente de azoto líquido.

1.1.1.1 Procedimento de ensaio da cultura de células

1. Os frascos foram retirados do armazenamento em azoto líquido e colocados num banho de água (37°C) durante (1 min).

2. O conteúdo dos frascos foi transferido para tubos (15 ml) contendo (10 ml) de meio de cultura pré-aquecido.

3. Os tubos foram centrifugados a (1000 rpm) durante (5 min), o sobrenadante foi eliminado e ressuspendido em (5 ml) de meio de cultura celular.

4. As células foram transferidas para um frasco de cultura e incubadas a (37°C).

5. O meio de cultura celular gasto foi retirado e eliminado do frasco de cultura.

6. As células foram lavadas com PBS 1x e, em seguida, a solução de lavagem foi removida e descartada do frasco de cultura.

7. Adicionou-se um ml de solução de tripsina-EDTA (1 x) à parte lateral do frasco; utilizou-se reagente suficiente para cobrir a camada de células, tendo-se agitado suavemente o recipiente para obter uma cobertura completa da camada de células.

8. O frasco foi incubado à temperatura ambiente (18- 25°C) durante (2) minutos.

9. As células foram observadas ao microscópio para detetar o descolamento.

10. Foram adicionados 5 ml de meio de cultura completo pré-aquecido e o meio foi disperso por pipetagem sobre a superfície da camada de células várias vezes.

11. As células foram transferidas para um tubo cónico (15 ml) e centrifugadas a (4000 rpm) durante (7) minutos.

12. O sedimento celular foi ressuspendido em (2 ml) de meio de crescimento completo pré-aquecido.

13. Foram retirados 100 microlitros da suspensão de células para contagem.

14. O número total de células e a percentagem de viabilidade foram determinados utilizando um Countess.

15. A suspensão de células foi diluída para a densidade de sementeira recomendada para a linha de células e o volume (100 µl) foi pipetado para um novo frasco de cultura de células contendo (5 ml) de meios de cultura de células e as células foram devolvidas à incubadora.

3.6.2 Determinação da viabilidade celular através do ensaio de exclusão com azul de Tripan

A concentração e a viabilidade das células foram determinadas utilizando a contagem e o corante azul de tripan (0,4%), tal como descrito por Denizot e Lang (1986).

3.6.2.1 Procedimento

1. A solução de coloração azul de Tripan (0,4%) foi preparada numa solução salina tamponada com fosfato a um pH (7,2 a 7,3).

2. A quantidade (100 µl) de corante azul de Tripan foi adicionada a (100 µl) de suspensão celular.

3. Adicionaram-se 10 microlitros de mistura azul de tripano/células na extremidade da lamela e deixou-se correr sob a lamela.

4. A visualização das células foi efectuada por meio de um microscópio.

5. As células vivas aparecem incolores e brilhantes (refractárias) sob contraste de fase, enquanto as células mortas são coradas a azul e não são refractárias.

6. As células viáveis (vivas) e mortas foram contadas em quadrados de canto mais largos e as contagens de células foram registadas.

7. O cálculo da concentração de células e da viabilidade celular foi efectuado por ml por contagem.

3.6.3 Determinação da citotoxicidade celular através do ensaio MTT

A determinação da citotoxicidade celular foi efectuada pelo ensaio do brometo de 3-(4, 5-dimetiltiazol-2-il)-2, 5-difeniltetrazólio (MTT), de acordo com van de Loosdrecht *et al.* (1994). Os reagentes e os materiais utilizados no kit MTT são apresentados na tabela (3.14).

Quadro 3.14: Componentes do kit de MTT

Componente	Quantidade
Reagente de detergente	2 (125 ml)
Reagente MTT	25 ml

3.6.3.1 Preparação de reagentes

Os reagentes MTT foram fornecidos prontos a utilizar e foram conservados a (4°C) no escuro até dezoito meses.

3.6.3.2 Princípio do teste

A medição da proliferação e da viabilidade celular constitui a base de muitas experiências *in vitro* da resposta de uma contagem de células a factores externos.

A declinação dos sais de tetrazólio é geralmente aceite como um método fiável para avaliar a propagação celular. A atividade metabólica das células reduz o tetrazólio amarelo MTT, e as enzimas desidrogenase geram equivalentes redutores como o NADH e o NADPH para produzir formazan púrpura intracelular, que é solubilizado e medido espectrofotometricamente. O ensaio MTT mede a apoptose, a necrose e a taxa de propagação celular, dependendo da atividade metabólica que leva ao aumento ou à diminuição da viabilidade celular.

3.6.3.3 Procedimento de ensaio

1. As células foram semeadas numa placa de 96 poços a uma densidade de (5×10^6 células) por poço durante (24 horas) a (37 ° C) numa atmosfera humidificada (5%) de CO2.

2. O meio de cultura foi removido e, em seguida, foi adicionado (100 µl) de meio sem soro contendo nicotina em concentrações de (1, 10,500 e 1000 µ M) e incubado durante (24 horas) a (37 °C) numa atmosfera humidificada (5%) de CO2.

3. Foram adicionados cem microlitros de MTT aos poços.

4. A placa foi incubada durante (2 horas) a (37°C).

5. O meio foi removido e foi adicionado aos poços (100 µl) de solução de paragem de dimetilsulfóxido (DMSO).

6. As placas foram incubadas durante mais (1 hora) a (37 ° C) numa atmosfera humidificada (5%) de CO2.

7. A absorvância foi lida num leitor de placas de 96 poços a um comprimento de onda de (570 nm).

8. A análise estatística do ensaio de proliferação celular foi efectuada com o programa Microsoft Excel versão (2007).

3.6.4 Avaliação de células apoptóticas e necróticas

As células apoptóticas e necróticas foram medidas pelo ensaio de apoptose utilizando o kit de apoptose Annexin V e o citómetro de fluxo, tal como referido por Schiller *et al.* (2008). Os reagentes e materiais utilizados no kit de apoptose Annexin V foram resumidos na tabela (3.15).

Tabela 3.15: Conteúdo do kit de ensaio de apoptose multiparâmetro

Componentes	Quantidade
Anexina V FITC com base em células	50 µl
Ensaio baseado em células 7-AAD Stock de coloração (1.000X) (10X)Solução(1000X)	250 µl
Tampão de ligação da anexina V para o ensaio celular (10X)	50 ml
Ensaio baseado em células TMRE	100 µl

3.6.4.1 Princípio do teste

O Multi-Parameter Apoptosis Assay Kit utiliza a Anexina V conjugada com FITC como sonda para a fosfatidilserina na membrana externa das células apoptóticas, Tetra Metil Rodamina, Perclorato de Éster Etílico (TMRE) como sonda para o potencial da membrana mitocondrial, 7-AAD como índice de permeabilidade da membrana e viabilidade celular. O ensaio permite uma descrição fenotípica de vários parâmetros de morte celular a nível de uma única célula e pode ser apropriado para um rastreio de elevado teor com equipamentos adequados.

3.6.4.2 Preparação de reagentes

1. O tampão de ligação (1X) foi preparado diluindo o tampão de ligação do ensaio de base celular Annexin V (10X) 1: 9 com água destilada, misturando bem e mantendo-o à

temperatura ambiente (*18-25°C*).

2. A solução de coloração de Annexin V FITC/7-AAD foi preparada adicionando (10 µl) de Cell-Based Annexin V FITC e (5 µl) de solução-mãe de coloração Cell-Based Assay 7-AAD (1000X) a (5 ml) de tampão de ligação e misturando bem.

3.6.4.3 Procedimento de ensaio

1. As linhas de células cancerígenas do pulmão H460 e H441 (5×10^6 células /ml) foram semeadas em placas de 12 poços e incubadas em (5%) $CO2$ durante (24 h) a (37 ° C).

2. As células foram tratadas com quatro concentrações de nicotina (1, 10, 500 e 1000 µ M.), as células não tratadas foram estabelecidas como controlo, tanto as amostras de controlo como as de teste foram incubadas em (5%) $CO2$ durante (24 e 48 h) a (37 ° C).

3. As células foram recolhidas num tubo de ensaio e centrifugadas a (4000 rpm) durante (7) minutos, tendo o sobrenadante sido eliminado.

4. As células foram ressuspendidas com (2 ml) de tampão de aglutinação diluído e misturadas, depois centrifugadas a (4000 rpm) durante (7) minutos e o sobrenadante foi eliminado.

5. As células foram ressuspendidas em (250 µl) de solução de coloração de Anexina V FITC/7-AAD e misturadas, depois foram incubadas no escuro à temperatura ambiente durante (10) minutos.

6. As células foram centrifugadas a (4000 rpm) durante (7) minutos e o sobrenadante foi eliminado.

7. As células foram ressuspendidas em (0,5 ml) do tampão de ligação, misturadas e analisadas com um citómetro de fluxo.

8. A análise estatística do ensaio de apoptose foi efectuada com o programa Microsoft Excel versão (2007).

3.7 Avaliação do efeito da nicotina em animais de laboratório (estudo *in vivo*)

Quarenta ratinhos machos saudáveis foram obtidos nos Charles River Laboratories/ EUA, divididos em quatro grupos de dez animais cada, e tratados por via subcutânea, (5) dias por semana, como se segue:

1. Grupo A (controlo), foi injetado com (0,1 ml) de solução salina normal durante (16) semanas.

2. O grupo B foi injetado com (0,1 ml) de (1mg/kg) de nicotina durante (8) semanas.

3. O grupo C foi injetado com (0,1 ml) de (1mg/kg) de nicotina durante (12) semanas.

4. O grupo D foi injetado com (0,1) ml de (1mg/kg) de nicotina durante (16) semanas.

Os animais foram sacrificados por deslocamento cervical após três dias do último tratamento; os pulmões foram isolados, insuflados e fixados em formaldeído (10%) (diluído com PBS) durante (24 h), sendo depois submetidos a ensaios histopatológicos e imuno-histoquímicos.

5. 7.1 Preparação de blocos de parafina e desparafinização de secções

A preparação dos blocos de parafina e a desparafinagem foram efectuadas de acordo com Lillie (1965) da seguinte forma:

1. Os pulmões dos ratos foram transferidos para um recipiente com álcool a 70%; os

recipientes das amostras foram limpos com NaOH (1N) em todo o exterior e novamente limpos com água.

2. A secção do tecido fixado em formalina foi efectuada utilizando uma tábua de corte de plástico e uma lâmina descartável de espessura igual ou inferior a 3 mm e colocada em cassetes de plástico.

3. As secções de pulmão foram fixadas por agitação em solução de formalina (10%) a (60°C) durante (1) hora a (37°C).

1. As secções foram tratadas com ácido fórmico (98%) à temperatura ambiente (1825°C) durante (1 h) e enxaguadas em água corrente durante (30) minutos.

5. As secções foram tratadas com álcool (80%, 90%, 95%) durante (10 min) e (99%, 100%) durante (20 min), e (100%) duas mudanças durante (30 min), para desidratação.

6. As secções foram tratadas com xileno com três mudanças, durante (20 min), e depois incluídas em parafina três vezes, durante (15) minutos.

7. Os blocos de parafina dos tecidos foram cortados com um micrótomo e as secções foram colocadas em lâminas revestidas com soro fisiológico.

8. As lâminas foram secas numa estufa a (56-60 °C) durante (1 hora).

3.7.2 Remoção da parafina e re-hidratação

1. As lâminas foram desparafinadas por transferência para um banho de xileno, duas vezes (10 min) cada, e sacudidas para retirar o excesso de líquido.

2. A re-hidratação foi efectuada transferindo as lâminas para álcool (100%, 95%, 70% e 50%), três vezes durante (2 min) cada.

3. As lâminas foram transferidas duas vezes para H2O, durante (2 min) cada, e para H2O destilada três vezes, durante (2 min) cada, e enxaguadas suavemente em água corrente da torneira, duas vezes, e em água destilada três vezes, durante (2 min) cada.

3.7.3 Exame histopatológico

As lâminas de tecido pulmonar foram coradas com Hematoxilina e Eosina (H&E), de acordo com Lynch *et al.* (1969), para detetar as alterações histopatológicas nos tecidos pulmonares resultantes da exposição à nicotina, como se segue:

1. As lâminas foram coradas com hematoxilina durante (2) minutos, depois enxaguadas em água corrente da torneira durante (15) minutos e em água destilada (30 seg.) e colocadas num recipiente especial.

2. Aplicou-se álcool ácido (0,4%) (1 ml de HCl concentrado + 400 ml de álcool a 70%) durante (20) segundos, para diferenciar (descolorar).

3. As lâminas foram lavadas em água corrente da torneira e, em seguida, lavadas em água da torneira Scott's substituto (60) segundos.

4. As lâminas foram lavadas em água da torneira e depois coradas com eosina durante 1 minuto.

5. A desidratação foi efectuada com álcool (95%) e álcool absoluto, em duas mudanças (2 min) cada, e depois foi limpa em xileno, em duas mudanças de (2) minutos cada.

6. As lâminas foram montadas em meio Permount e finalmente examinadas ao microscópio.

3.7.4 Exame imunohistoquímico

O exame imunohistoquímico foi efectuado de acordo com Cuello (1993) para detetar a mutação no *TP53* no tecido pulmonar, como se segue:

3.7.4.1 Princípio do ensaio

O sistema de deteção de polímeros HRP detecta imunoglobulinas de ratinho ligadas a um antigénio em secções de tecido de ratinho, o polímero HRP conjugado, localiza-se ao anticorpo primário e é subsequentemente visualizado por um cromogénio (DAB). O cromogénio ajuda a visualizar o complexo antigénio-anticorpo utilizando um microscópio de luz. IHC e DAB

O conteúdo dos kits de substrato e o anticorpo TP53 utilizados neste estudo são ilustrados nas tabelas (3.16), (3.17) e (3.18).

Quadro 3.16: Conteúdo do kit Mouse on Mouse Polymer IHC

Componentes	Quantidade
Bloco de peróxido de hidrogénio	60 ml
Polímero HRP de ratinho em ratinho (10X)Solução (1.000X)	60 ml
Rodent Block (reagente concebido para bloquear a IgG endógena do rato e o fundo não específico nos tecidos do rato)	60 ml

Tabela 3.17: Conteúdo do kit de substrato DAB

Componentes	Quantidade
50x Cromogénio DAB	1 x 2ml
Substrato DAB	1 x 60ml

Tabela 3.18: Anticorpo anti-p53 (phospho S15)

Isótipo	IgG
Concentração	50 µl a 1 mg/ml
Conjugado	HRP
Epítopo	Este anticorpo reconhece um epítopo entre os aminoácidos 156-214 na p53 murina.
Anfitrião e descrição	Monoclonal de ratinho [PAb240] para p53 (HRP)
Imunogénio	Proteína de fusão correspondente à p53 do ratinho aa 14-389. Fundida com b-galactosidase
Reatividade das espécies testadas	Rato, ratazana, galinha, vaca, cão, humano, macaco, hamster chinês e hamster sírio.
Tipo	Anticorpo

3.7.4.2 Procedimento de ensaio

1. As lâminas de tecido foram colocadas num banho de lavagem com PBS, durante (30 min) à temperatura ambiente (18-25°C) para posterior reidratação.

2. As lâminas foram lavadas com tampão TBS-T aplicado e incubadas com tripsina (0,1%) (diluída em PBS) para induzir tampões de recuperação de epítopos.

3. As lâminas foram lavadas com o tampão TBS-T, incubadas com um bloco de peróxido de hidrogénio durante (10-15 min) para reduzir a coloração de fundo inespecífica devida à peroxidase endógena e, em seguida, lavadas com o tampão TBS-T.

4. O Rodent Block foi aplicado durante 30 minutos e depois lavado com o tampão TBS-T.

5. O anticorpo primário foi aplicado e incubado durante uma noite a (4°C) para assegurar uma ligação óptima, depois as lâminas foram lavadas com o tampão TBS-T

6. O polímero HRP de ratinho em ratinho foi aplicado e incubado durante (15 min) à temperatura ambiente (18-25°C), depois as lâminas foram lavadas com o tampão TBS-T.

7. Uma gota (30 µl) de cromogénio DAB foi misturada com (1,5 ml) de substrato DAB, aplicada ao tecido, incubada durante (5 min) e lavada com água destilada.

8. As lâminas foram coradas colocando-as num banho de hematoxilina de Mayer, incubadas durante (5 min), lavadas suavemente com água destilada de um frasco de lavagem e, em seguida, enxaguadas sob água corrente da torneira durante (5 min).

9. As secções foram montadas com o meio Permount e a lamela foi selada com verniz transparente para unhas.

3.8 Análise estatística

O programa Statistical Analysis System - SAS (2012) foi utilizado para estimar o efeito dos factores de diferença nos parâmetros do estudo. O teste t e o teste da Diferença Menos Significativa -LSD (ANOVA) foram utilizados para comparar significativamente as médias, e também o teste do Qui-quadrado foi utilizado para comparar significativamente as percentagens.

4. Resultados e discussão

4.1 Estudo demográfico

Este estudo prolongou-se por cerca de dois anos e três meses, tendo sido utilizados cento e cinquenta fumadores pesados aparentemente saudáveis e cinquenta voluntários iraquianos não fumadores (controlo) aparentemente saudáveis, com idades compreendidas entre os 14 e os 67 anos. Nesta parte do estudo, os sujeitos foram distribuídos de acordo com a idade, o sexo, o consumo de maços de tabaco fumados por dia e a duração do tabagismo, da seguinte forma

4.1.1 Distribuição dos voluntários fumadores de acordo com a idade

De acordo com a idade, os participantes foram distribuídos por 5 grupos etários, tendo os resultados revelado que o maior número de fumadores se encontrava no terceiro grupo etário (36-45), que representava 38 (25,33%) do total, e um número quase semelhante de 32 (21,33%) em cada um dos grupos etários (26-35) e (46-55). Isto pode dever-se ao facto de os indivíduos destes três grupos etários poderem ter assistido a acontecimentos políticos e mudanças económicas no Iraque, o que levou à falta de estabilidade emocional e social e, ou ao facto de estes indivíduos terem salário ou outras fontes de rendimento, recorrendo ao consumo de cigarros, enquanto o menor número de fumadores se encontrava nos grupos etários com mais de (56) anos, e (14-25) anos, que apresentavam 29 (19,33%) e 19 (12,67%), respetivamente, com uma diferença significativa (P≤ 0,05) (Tabela 1.4).

Foram realizados vários estudos neste domínio, como um estudo conduzido por Moizs *et al.* (2013) que empregou 1426 pessoas (fumadores e não fumadores) que participaram no programa de rastreio pulmonar, com uma idade média de 54,0±16,3 anos, e cujos resultados mostraram que o rácio mais elevado de fumadores se encontrava no grupo etário dos 39 anos ou menos, seguido dos fumadores no grupo dos 45-49 anos.

Outro estudo realizado por Zhu *et al.* (2014), que examinou os comportamentos dos fumadores entre os estudantes de medicina e outros estudantes universitários na China, os resultados mostraram que o pico de prevalência (36,4%) se situava no grupo etário dos 21-29 anos e a incidência mais baixa no grupo etário <20 anos.

Quadro 4.1 : Distribuição dos voluntários fumadores de acordo com os grupos etários.

Grupos etários (ano)	Número e percentagem de fumadores
14-25	19 (12.67%)
26-35	32 (21.33%)
36-45	38 (25.33%)
46-55	32 (21.33%)
Mais de 56	29 (19.33%)
Total	150
Qui-quadrado-χ Valor P^2	4.982 * 0.0369
* (P<0.05)	

4.1.2 Distribuição dos voluntários fumadores de acordo com o sexo

A distribuição dos fumadores de acordo com o género revelou que 91 (60,67%) eram do sexo masculino e 59 (39,33%) do sexo feminino, com uma diferença significativa (P≤ 0,01), como se pode ver na tabela (4.2).

Quadro 4.2 : Distribuição dos voluntários fumadores de acordo com o género.

Género	Número e percentagem de fumadores
Masculino	91 (60.67%)
Feminino	59 (39.33%)
Total	150
Qui-quadrado-χ Valor P^2	8.517 ** 0.0073

** (P<0.01).

O estudo constatou que os homens fumadores eram mais numerosos do que as mulheres fumadoras, o que pode dever-se ao facto de o tabagismo ser socialmente inaceitável para as mulheres no Iraque; além disso, este número pode ser impreciso devido à omissão ou à relutância das mulheres em revelar a realidade de serem fumadoras. Em contraste com o presente estudo, alguns estudos mostraram a predominância do sexo feminino entre os fumadores, como o estudo realizado por Campbell *et al.* (2014) que mostrou que cerca de 43 (60%) dos fumadores eram do sexo feminino e 26 (40%) do sexo masculino, que frequentavam a Nova Southeastern University - Estados Unidos, com a idade variando entre (21- 50) anos.

Além disso, o estudo de Colgan *et al.* (2010) constatou que a maioria dos fumadores era do sexo feminino (55) contra (37) do sexo masculino entre (92) estudantes do ensino profissional, quando determinaram a resiliência ao consumo de cigarros entre jovens australianos em risco.

4.1.3 Distribuição dos voluntários fumadores em função do consumo do número de maços de tabaco por dia

A distribuição dos voluntários fumadores pesados de acordo com o consumo do número de maços fumados por dia, mostrou que o maior número 134 (89,33%) estava a fumar mais de um maço por dia contra 16 (10,67%) que fumavam um maço por dia com uma diferença significativa elevada (P≤ 0,01) (Tabela 4.3).

Tabela 4.3 : Distribuição dos voluntários fumadores em função do número de maços consumidos por dia.

Número de embalagens consumidas por dia	Número e percentagem de fumadores
Uma embalagem	16 (10.67%)
Mais do que uma embalagem	134 (89.33%)
Total	150
Qui-quadrado-χ Valor P^2	14.067 ** 0.0001

** (P<0.01).

O elevado número de fumadores inveterados indica que a maioria dos fumadores pode ser viciada em nicotina e em muitos outros compostos químicos presentes no fumo do cigarro

(Benowitz *et al.*, 2009), tendo também Belsky (2013) atribuído que o facto de fumar uma substância química viciante, especialmente a nicotina, que é difícil de controlar, leva ao elevado número de maços consumidos pelos fumadores.

Neste aspeto, existem muitos estudos, como o mencionado por John *et al.* (2011), que encontraram mais de um milhão e meio de fumadores que fumam 20 cigarros ou mais por dia na Califórnia, quando acompanharam a prevalência de fumadores pesados durante os anos de 1965 e 2007, enquanto o estudo realizado na Hungria por Moizs *et al.* (2013) observou que a maioria das pessoas, (66.2%) dos fumadores fumavam pelo menos meio maço de cigarros por dia, e (19,1%) dos fumadores fumavam pelo menos um maço de cigarros por dia, outro estudo de Linnebur (2006) constatou que os homens italianos que fumavam mais de (10) cigarros por dia eram significativamente elevados quando investigados, enfatizando a impotência como consequência do tabagismo.

4.1.4 Distribuição dos voluntários fumadores em função da duração do tabagismo

A distribuição dos fumadores inveterados em função da duração do tabagismo por anos revelou que o número mais elevado de fumadores, 46 (30,67%), fumava durante um período de (16-20) anos, e que um número quase semelhante, 44 (29,33%), fumava durante (11-15) anos, enquanto 38 fumadores (25,33%) fumavam há mais de 20 anos e o menor número, 22 fumadores (14,67%), fumavam entre (5 e 10) anos, com uma significância elevada ($P \leq 0,01$), como descrito no quadro (4.4.)

Verificou-se que 90 (60%) dos fumadores fumavam há (11-20) anos e 38 (25%) fumavam há mais de (20) anos e, quando lhes foi perguntado se queriam deixar de fumar, não conseguiram porque o tabaco é muito viciante e contém uma substância química forte - a nicotina - o que torna difícil deixar de fumar.

Tabela 4.4: Distribuição dos voluntários fumadores em função da duração do tabagismo.

Duração dos grupos de fumadores	Número e percentagem de fumadores
5-10	22 (14.67%)
11-15	44 (29.33%)
16-20	46 (30.67%)
Mais de 20	38 (25.33%)
Total	150
Qui-quadrado-χ Valor P^2	6.338 ** 0.0146
** ($P<0.01$).	

Os cigarros são fabricados conscientemente para darem uma rápida dose de nicotina, pois são necessários menos de (20) segundos para que a droga chegue ao cérebro através do fumo do cigarro. A nicotina leva à dependência quase como a heroína ou a cocaína, é tão viciante como estas drogas "mais fortes", razão pela qual a maioria dos fumadores diz que quer deixar de fumar mas não consegue (Zmeskal *et al.*, 2016).

Muitos estudos centram-se na duração do tabagismo, como o realizado por Guo e Sa (2015), que descobriram que a maior proporção das amostras do estudo era com duração estendida até (20) anos, quando investigaram a duração do tabagismo entre fumadores adultos do sexo masculino na China, assim como Jack *et al.* (1990) verificaram que uma pessoa que fumasse durante (40) anos corria um risco cerca de (3,5) vezes superior ao de um não fumador, quando avaliaram (752) pacientes que sofriam de aterosclerose carotídea, e notaram que o total de anos de consumo de cigarros era o preditor independente mais significativo da presença de aterosclerose carotídea grave.

4.2 Estudo molecular do gene *TP53*

Esta parte do estudo foi realizada para detetar a mutação do gene *TP53* através da análise molecular de amostras de sangue que foram recolhidas de todos os indivíduos inscritos neste estudo.

4.2.1 Extração de ADN

O ADN genómico das amostras de sangue foi extraído de acordo com um protocolo normalizado, segundo Sambrook e Russel (2001).

A concentração e a pureza do ADN foram efectuadas utilizando NanoDrop, o resultado da pureza foi bom e variou entre (1,7-1,9) e a concentração variou entre (30,3-45,5 ng/ μl).

Muitos estudos utilizaram o NanoDrop para medir a concentração e a pureza do ADN, como o estudo de Hue *et al.* (2012), que extraiu ADN genómico humano de manchas de sangue secas e raízes de cabelo, e o estudo de Desjardins e Conklin (2010), que utilizou o NanoDrop para quantificar os ácidos nucleicos.

O resultado da eletroforese em gel do ADN genómico mostrou uma banda nítida e clara, como na figura (4.1), que é adequada para a etapa seguinte e para a análise por PCR.

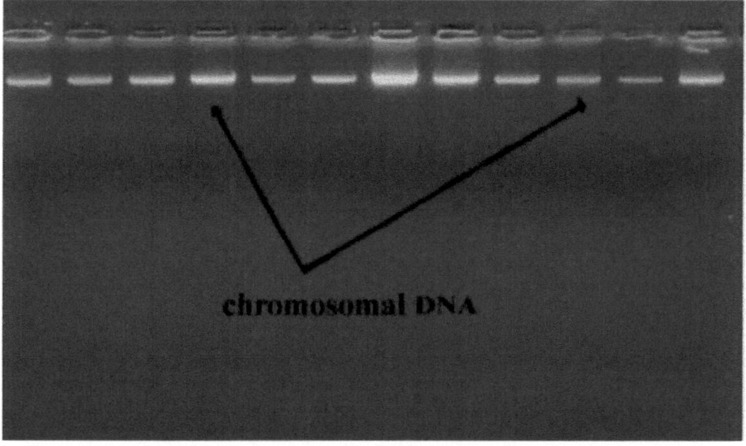

Figura 4.1 : Eletroforese em gel do ADN genómico em gel de agarose a 1% a 70 volt/cm² durante 30 min, corado com brometo de etídio e visualizado sob U.V.

4.2.2 Deteção de mutações do gene *TP53*

O *gene TP53* foi escolhido neste trabalho devido à sua importância e à sua relação com o cancro dos fumadores, tal como referido por Hong *et al.* (2016) e Muhartono *et al.* (2016), ao mesmo tempo que são raros ou inexistentes os estudos relativos a este gene e ao tabagismo no Iraque.

O gene *TP53* dá ordens para a formação de uma proteína, denominada proteína tumoral *p53*. Esta proteína actua como um supressor tumoral, que regula a divisão celular, impedindo que as células cresçam e se dividam rapidamente ou de forma descontrolada (Li *et al.*, 2014). Assim, a deteção de mutações nesta

foi muito importante no tema atual e foi realizado por análise molecular.

4.2.2.1 Análise da reação em cadeia da polimerase (PCR)

A reação em cadeia da polimerase, ou PCR, é uma técnica laboratorial eficiente e de baixo custo utilizada para produzir múltiplas cópias de ADN, é muito precisa e pode ser utilizada para amplificar, ou copiar, um alvo específico de ADN a partir de uma mistura de moléculas de ADN (Garibyan e Avashia, 2013).

Assim, a análise por PCR foi utilizada neste estudo para amplificar os exões do gene *TP53* (5, 6, 7 e 8) para voluntários fumadores e não fumadores, utilizando quatro conjuntos de primers que foram obtidos da Alpha Company, de acordo com o NCBI e segundo Mateen e Irshad (2015).

O resultado do exão (5) mostrou um fragmento amplificado de (588 pb) como uma banda clara por eletroforese num gel de agarose (2%) a (70 volt/cm2) durante (90) minutos, como se mostra na figura (4.2).

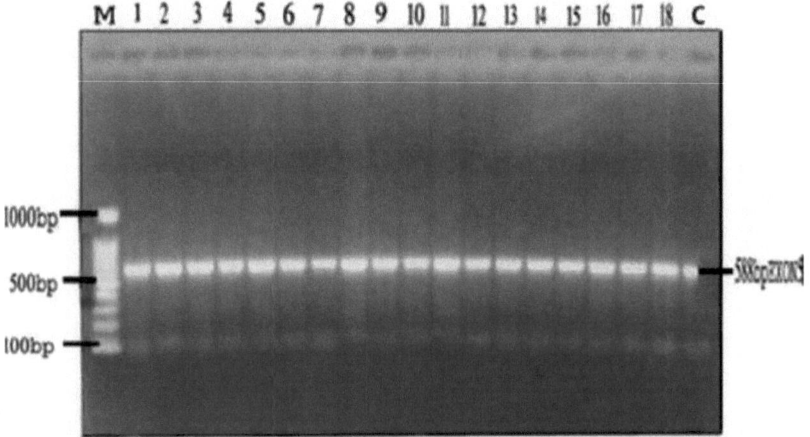

Figura 4.2: Deteção do produto de PCR do exão 5 do gene *TP53* (588 pb).

Os fragmentos amplificados foram separados por eletroforese num gel de agarose a 2%, corado com brometo de etídio a 70 volt/cm2 durante 90 minutos. Fotografados sob luz UV.

M: Escada de ADN (100 pb).

C: Controlo.

Pistas (1-18) de ADN amplificado de amostras de fumadores.

Por outro lado, o resultado da amplificação do exão (6) apareceu como uma banda clara de (248 pb) em comparação com o ladder (Figura 4.3).

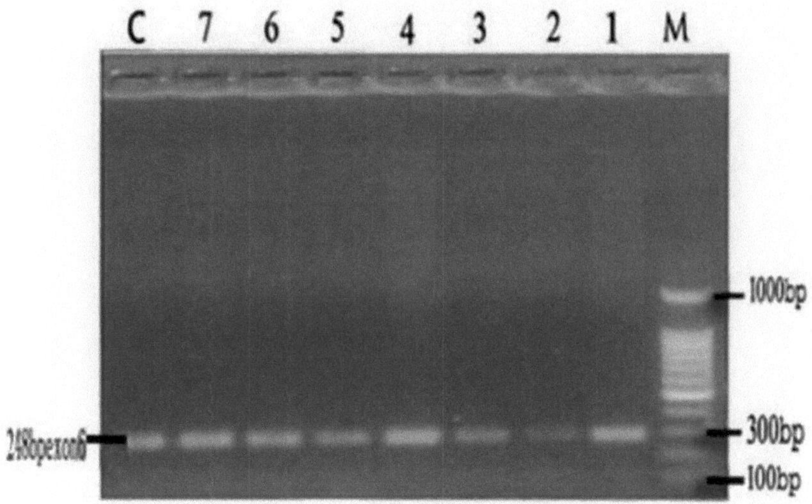

Figura 4.3: **Deteção do produto de PCR do fragmento do exão 6 do gene (248 pb). Os fragmentos amplificados foram separados por eletroforese num gel de agarose a 2%, corado com brometo de etídio a 70 volt/cm2 durante 90 minutos. Fotografados sob luz UV.**

M: Escada de ADN (100 pb).

C: Controlo.

Pistas (1-7) de ADN amplificado de amostras de fumadores.

O resultado do exão (7) mostrou um fragmento amplificado de (488 pb) como uma banda clara por eletroforese num gel de agarose (2%) a (70 volt/cm2) durante (90) minutos, como se mostra na figura (4.4).

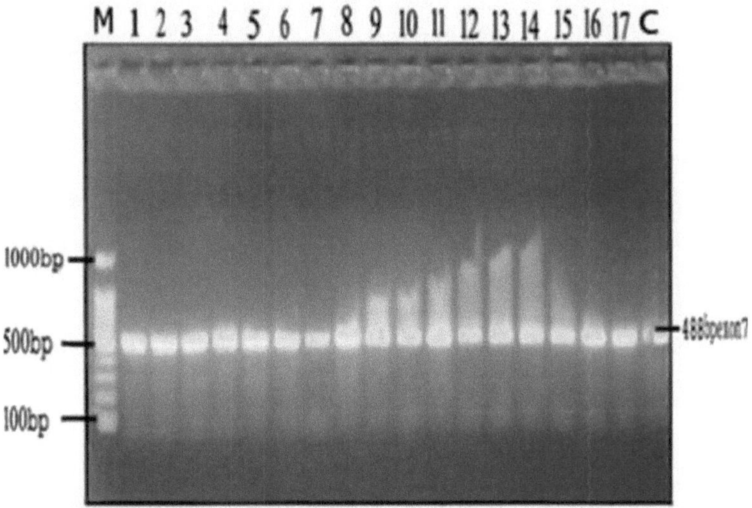

Figura 4.4: Deteção do produto de PCR do exão 7 (488 pb). Os fragmentos amplificados foram separados por eletroforese num gel de agarose a 2%, corado com brometo de etídio a 70 volt/cm2 durante 90 minutos. Fotografados sob luz UV.

M: Escada de ADN (100 pb).

C: Controlo.

Pistas (1-17) de ADN amplificado de amostras de fumadores.

O resultado da amplificação do exão (8) apresentou-se como uma banda clara de (578 pb) por eletroforese num gel de agarose (2%) a (70 volt/cm2) durante (90) minutos (Figura 4.5).

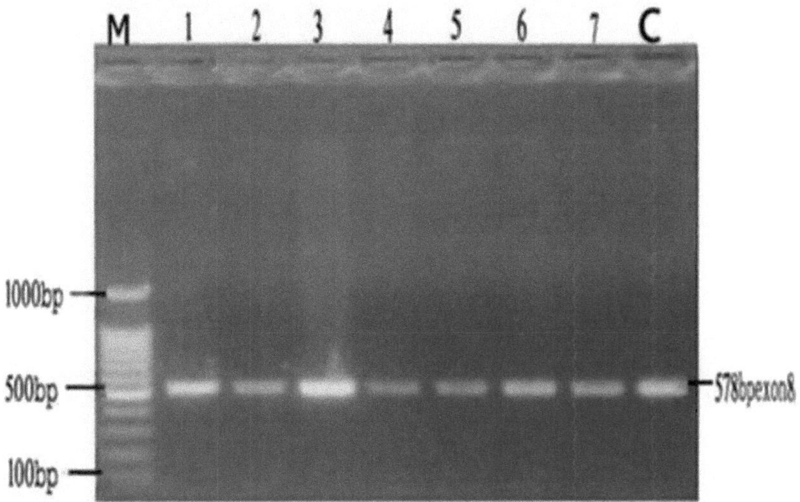

Figura 4.5: Deteção do produto de PCR do exão 8 (578 pb). Os fragmentos amplificados foram separados por eletroforese num gel de agarose a 2%, corado com brometo de etídio a 70 volt/cm2 durante 90 minutos. Fotografados sob luz UV.

M: Escada de ADN (100 pb).

C: Controlo.

Pistas (1-7) de ADN amplificado de fumadores.

Muitas pesquisas investigaram a mutação do *TP53,* como Greenblatt *et al.* (1994) que encontraram que a maior taxa de mutação *do TP53* (87%) ocorria nos exons (5-8), e a maioria das outras ocorria nos exons 4 (8%) e 10 (4%), quando compilaram mutações *do TP53* em vários tumores humanos, estimando (560) mutações de mais de (300) artigos publicados, nos quais toda a região codificadora do *TP53 foi* seqüenciada, e Ronchetti *et al.* (2004) analisaram as mutações do gene *TP53* nos exões (5) a (8) por PCR-single-strand conformation polymorphism, quando estudaram a associação entre as mutações do gene *TP53* e a exposição ao tabaco em (84) doentes com carcinoma espinocelular da laringe, Além disso, Rozenblum *et al.* (1997) referiram que (76%) de todas as mutações *do TP53* ocorriam nos exões (2-11) quando analisaram (47) casos de cancros respeitados.

A maioria dos primeiros investigadores, como Levine *et al.* (1991), analisaram *o TP53* principalmente nos exões (5-8), que eram altamente conservados ao longo da evolução e presumivelmente de importância funcional, (95%) das mutações relatadas foram encontradas nos exões (5-8).

Numerosos estudos recentes utilizaram a PCR como método de amplificação de muitos exões do gene *TP53* para detetar diferentes mutações, como o estudo realizado por Hosseinrad *et al.* (2016) que utilizou os exões (7 e 8) para observar a relação entre o adenocarcinoma pulmonar e a mutação do gene supressor de tumor *TP53,* bem como o estudo de Koshino *et al.* (2016) que detectaram as mutações nos exões (5-8) para estimar a sua correlação com o resultado clínico no linfoma, enquanto Muhartono *et al.* (2016) amplificaram o fragmento *TP53* com exões (5-8) para investigar os efeitos da mucoxina na proliferação, expressão do gene *TP53* em várias células cancerígenas.

Da mesma forma, Dastjerdi *et al.* (2016) utilizaram estes exões quando estudaram o efeito da timoquinona na expressão do gene *TP53* e a consequente apoptose em algumas linhas celulares cancerígenas. Morevere, Nadhum e os seus colegas (2016) investigaram a contribuição da expressão do *TP53* (exões 5 e 6) como marcadores de diagnóstico do cancro colorrectal.

4.2.2.2 Sequenciação do gene *P53*

Os produtos de PCR dos exões do *TP53* foram analisados por sequenciação. A análise dos resultados foi efectuada utilizando o site do NCBI e o programa T-COFFEE para excluir áreas com uma sequência de má qualidade ou de baixa qualidade. Em seguida, foram escolhidas áreas correspondentes e não correspondentes para procurar a covariância do gene *TP53* em amostras de fumadores e não fumadores.

Os resultados da sequenciação revelaram que um número de variações no gene *TP53 foi caracterizado* por polimorfismos de substituição, que foram atribuídos ao polimorfismo G para C como um polimorfismo de nucleótido único (SNP) no exão (5) no local (338) quando a Guanina (G) foi substituída por Citosina (C), causando uma mutação missense nas sequências do aminoácido Glutamina (CAG) que mudou para histideno (CAC) com um número elevado de 71 (47,3 %) entre os fumadores, em comparação com o controlo não fumador (0,0%).3 %) entre os fumadores, em comparação com o controlo de não fumadores (0,0%).

Os polimorfismos de substituição referem-se a uma alteração de um aminoácido numa proteína, decorrente de uma mutação pontual num único nucleótido (Watson *et al.*, 2008), e podem transformar a produção numa proteína não funcional, responsável por distúrbios corporais (Minde *et al.*, 2012 e Miosge *et al.*, 2015).

Pfeifer *et al.* (2002) realizaram o seu estudo sobre os padrões de substituição do polimorfismo do *TP53* nos cancros do pulmão e encontraram diferenças entre fumadores e não fumadores, com uma prevalência de transversões G nos cancros associados ao tabagismo, sendo também a ocorrência de transversões G de (30%) no cancro do pulmão dos fumadores, mas apenas de (12%) nos cancros do pulmão dos não fumadores.

Por outro lado, a prevalência de mutações de deleção foi mostrada em amostras de fumadores, observou-se que o exão (6) tinha mutações de deleção entre os indivíduos fumadores num número de 29 (19,3%) em vez de nos não fumadores (0,0%), foi mostrada a deleção de Guanina (G) no local (8) que mudou o aminoácido de Arginina (AGG) para Serina (AGT).

Outra deleção de Adenina (A) de Leucina (TTA) no sítio (16) causou mutação silenciosa que não causou nenhuma variação no aminoácido resultante, o mesmo aminoácido (Leucina) permaneceu. Além disso, a deleção de Adenina (A) ocorrida no sítio (18) converteu o aminoácido de Lisina (AAA) para Asparagina (AAT) (Tabela 4.5 e Figura 4.6); no entanto, não foram mostradas variações genéticas nos exons (7 e 8) em todas as amostras, tanto em fumantes quanto em não fumantes.

Tabela 4.5: Tipos de mutações da sequenciação do gene *TP53*.

Tipo selvagem	Tipo de mutante	Alteração do aminoácido	Local da mutação	Tipo de mutação	Efeito na tradução
CAG	CAC	Gln - His	338	Substituição	Missense
AGG	AGT	Arg - Ser	8	Eliminação	Mudança de moldura
TTA	TTA	Leu - Leu	16	Eliminação	Silencioso
AAA	AAT	Lys - Asn	18	Eliminação	Mudança de moldura

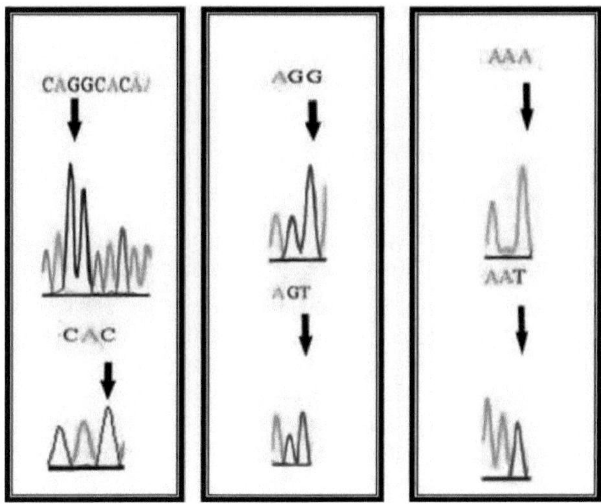

Figura 4.6: Tipos de mutações na sequenciação do gene *TP53*.

Ficou claro que o gene *TP53* é o gene supressor de tumores com a mutação mais comum no cancro, sendo estas mutações geralmente mais frequentes nos fumadores do que nos não fumadores (Krishnan *et al.*, 2010).

A exposição ao tabaco produz uma carga pesada de mutações genómicas, incluindo a mutação do supressor tumoral *TP53*, tanto a falta da função do *TP53* de tipo selvagem como a aquisição do mutante (Gibbons *et al.*, 2014).

Os alelos mutantes com missense *TP53* apresentam atividade dominante-negativa através da sua capacidade de formatar os tetrâmeros de p53 ou outras interacções proteína-proteína, e a ligação ao ADN convertida das proteínas mutantes pode obter atividade de função, muitos dos efeitos do mutante *TP* 53 podem dever-se à sua capacidade de oligomerização para formar tetrâmeros mistos com os membros da família *p53* (Gaiddon, 2001).

Uma vez que os monómeros da p53 oligomerizam, formam os tetrâmeros funcionais e cooperam com várias outras proteínas e elementos promotores específicos da sequência para realizar a transcrição de um gene alvo, a ocorrência de mutações pode converter os complexos proteína-proteína que determinam a sua função específica (Muller e Vousden, 2013).

No presente estudo, o polimorfismo apresenta a substituição de G → C no sit 338 do gene *TP53*, alterando o aminoácido de Glutamina (Gln) para histiden (His) no domínio rico em Glutamina da proteína *P53*, no entanto existem diferenças moleculares nas estruturas da proteína *P53* que formam a *p53* Gln e *a* p53His (Matés *et al.*, 2006), bem como, a glutamina é necessária para o crescimento induzido por nitrogénio em muitas células, mas a glutamina induz não apenas a proliferação de células, mas também vários outros eventos vitais, entre todos eles, a apoptose é uma incorporação recente, mas proeminente, a todos os fenómenos regulados por este aminoácido distinto (Gonzalez Herrera *et al.*, 2015).

Os mecanismos de sinalização apoptótica envolvidos em resposta à privação de glutamina são específicos do tipo de célula. De qualquer forma, novas investigações mostraram que a existência de glutamina está altamente associada à indução de apoptose, actuando como um nutriente e uma molécula de sinalização, trabalhando direta ou indiretamente nas vias que causam a morte celular programada (Zhdanov *et al.*, 2014). Assim, neste estudo, a alteração da glutamina para histideno pode desempenhar um papel importante na diminuição da apoptose.

Além disso, e para além de qualquer dúvida, *a P53* Gln e *a p53* His diferem na sua capacidade de regular os processos celulares dependentes do *TP53*, em comparação com a *P53* His, a proteína *P53* Gln é a melhor molécula de transactivação (Chen e Cui, 2015) e apresenta uma elevada capacidade de bloquear o ciclo celular, induzir a reparação do ADN (Kron e Bode, 2015), em contrapartida, a proteína *P53* Gln induz a apoptose de forma marcadamente melhor e com uma cinética mais rápida do que a *P53* His (Gross *et al.*, 2014 e Mohamed *et al.*, 2014).

Por outro lado, os aductos de ADN estimulados por diversos agentes mutagénicos podem ter características mutacionais significativamente diferentes. Cheng *et al.* (2003) investigaram a formação de aductos entre a nicotina e o ADN. Os adutos podem aparecer numa situação específica de base e sequência, um aduto específico pode estimular predominantemente transversões G → C numa condição especial de sequência, e se tais mutações ocorrerem num tipo de tumor humano, esse agente cancerígeno tornar-se-á suspeito, especialmente se houver provas epidemiológicas de que a exposição a esse agente pode estar implicada na causa desse tipo de cancro, o que também foi confirmado por Hussain *et al.* (2001), que demonstraram que um excesso de transversões G→C era uma caraterística dos cancros do pulmão relacionados com a exposição ao fumo.

O resultado atual parece estar de acordo com muitos estudos neste domínio, como o de Tiwawechac *et al.* (2003), que estudaram a relação entre o tabagismo e o carcinoma nasofaríngeo (NPC) na Tailândia e revelaram que o polimorfismo do gene *TP53* é influenciado pelo historial de tabagismo. Liu *et al.* (2013) também sugeriram que o polimorfismo do *TP53* aumentava o risco de cancro do pulmão relacionado com o tabagismo, indicando que o tabagismo e o gene interagem com a carcinogénese do pulmão numa população chinesa.

Vahakangas *et al.* (2001) sugeriram que o espetro de mutações do *TP53* surgia tanto em fumadores activos como em ex-fumadores, quando estudaram os efeitos dos carcinogéneos do tabaco na indução de mutações em códons específicos do *TP53* em culturas de células epiteliais brônquicas humanas.

Por outro lado, a conversão do aminoácido de Arginina (AGG) em Serina (AGT), no caso de deleção de Guanina (G), leva à alteração da capacidade das células de provocar apoptose, a Arginina induz apoptose mediada pela via da NO sintase e pode inibir o crescimento tumoral (Muller e Vousden, 2014), também a proteína arginina metiltransferase (PRMT5), como co-fator num complexo co-ativador responsivo a danos no ADN que interage com o *TP53*, é responsável pela metilação do *TP53*, a metilação da arginina é regulada através da resposta do *TP53* e afeta a especificidade do gene alvo do *TP53* (Jansson *et al* 2008). Além disso, a depleção de PRMT5 desencadeia a apoptose dependente de *TP53* e a metilação em resíduos de arginina é um mecanismo subjacente de controlo durante a resposta a *TP53*. Assim, a arginina desempenha um papel importante na indução da apoptose em células mutantes *TP53* (Schneider-Stock, 2004). As mutações que alteram estes resíduos específicos de arginina no *TP53* foram detectadas em cancros humanos (Li e Diehl, 2015).

Também o resultado deste estudo representa a deleção de Adenina (A) ocorrida no sítio (18) que converteu o aminoácido de Lisina (AAA) para Asparagina (AAT) e levou a desvio e alterações na função do *TP53* subsequentemente a apoptose. Assim, afectou a proliferação das células, o que pode interferir na formação de cancros e tumores. A lisina contribuiu para este processo através da acetilação do *TP53* que ocorreu particularmente na lisina, um resíduo do domínio de ligação ao DNA, e que é essencial para desencadear a apoptose como mencionado por Sajjad *et al.* (2014). A acetilação N-terminal mostrou que pode orientar a localização de proteínas. Também foi provado que se relaciona com a regulação do ciclo celular e a apoptose leva à indução da apoptose *dependente de TP53*. As proteínas são tipicamente acetiladas na lisina (Kalvik e Arnesen, 2013).

Roos e Kaina (2006) e Hollstein *et al.* (2013) referiram que cerca de metade de todos os cancros examinados apresentam uma mutação pontual ou uma deleção no gene *TP53* e que a maioria destas mutações dá origem a alterações de aminoácidos em locais evolutivamente conservados da proteína, o que sugere que se trata de alterações funcionalmente importantes.

Muitos estudos relacionam a exposição a carcinogéneos com mutações no gene *TP53*, como o de Puisieux *et al.*, (1991) que encontraram 14 mutações, a maioria das quais eram GC→TA, tendo os investigadores sugerido que o benzo[*a*]pireno presente no fumo do tabaco provoca especificamente mutações GC→TA no gene *TP53*. No cancro do esófago, relacionado com o consumo de tabaco, foi encontrada uma vasta gama destas mutações, sendo as mais comuns a GC →AT e a GC →TA (Hollstein *et al.*,1991) e Halvorsen *et al.* (2016) analisaram tumores em 394 pacientes de carcinomas de células não pequenas, seus resultados demonstraram que mutações *TP53* foram identificadas em (47,2%) das amostras, além disso, a frequência de mutações frameshift foi (20,3%), eles concluíram que os padrões de mutação diferem entre os subgrupos de cânceres de pulmão, que foram influenciados pelo histórico de tabagismo, também indicaram que as mutações *TP53* induzidas pelo tabagismo podem ter um impacto biológico diferente do que ocorre em não fumantes.

Liu *et al.* (2014) observaram uma elevada percentagem de mutações *TP53*, que atingiu (40%) do total, entre os fumadores pesados quando estudaram (1232) doentes com cancro do pulmão de pequenas células (SCLC) e cancros do pulmão de não pequenas células (NSCLC).

Ronchetti *et al.* (2004) verificaram que 24 (28,6%) de todos os casos eram positivos para mutações no gene *TP53* em (84) pacientes com carcinoma espinocelular da laringe, sendo a frequência da transversão G (33%) o tipo de mutação mais comum, para além disso, foi encontrada uma associação estatisticamente significativa entre estas mutações e a exposição ao fumo do tabaco (P =0,001), também os seus dados documentam que o hábito de fumar é a única variável independente associada a um risco aumentado de mutações no *TP53* na mucosa laríngea.

O estudo de Le Calvez e colegas (2005) demonstrou que o risco relativo de ter uma mutação *TP53* no cancro do pulmão era até (13) vezes mais elevado nos fumadores pesados ao longo da vida do que nas pessoas que nunca fumaram durante toda a vida.

4. 3 Estudo serológico

Foi efectuado um estudo serológico em (150) amostras de soro de fumadores e (50) de não fumadores para estimar o nível de CD8 de valor normal (35,4-65,4 ng/ml) e de TNF de valor normal (12,5-21,5 pg/ml) utilizando o teste ELISA.

O ELISA é um teste que utiliza anticorpos e modificações de cor para distinguir uma substância, antigénios da amostra e produzir um sinal percetível, mais frequentemente uma mudança de cor no substrato (Kragstrup *et al.*, 2013).

Os resultados mostraram alterações altamente significativas (P≤0,01) nos níveis de CD8 e TNF-α entre todos os fumadores, quando comparados com os não fumadores, e estes níveis variaram em associação com a idade dos fumadores, a duração do consumo de tabaco e o número de maços consumidos pelos fumadores, como se segue

4.3.1: Estimativa do nível de CD8 nos soros de fumadores

Neste estudo, o CD8 foi escolhido por ser considerado um marcador importante no sistema imunitário e pela sua estreita relação com doenças do corpo, infecções, exposição a várias toxinas e diferentes tipos de cancro (Arnson *et al.*, 2010).

Os resultados da relação entre idade e tabagismo mostraram uma alteração significativa ($P \leq 0,01$) no nível sérico de CD8 entre os fumadores. O grupo etário (26-35) anos apresentou um nível mais elevado ($94,09 \pm 1,34$ ng/ml) do que os outros grupos etários de fumadores. Por outro lado, todos os grupos de fumadores apresentaram alterações significativas quando comparados com o grupo de controlo, como se mostra na tabela (4.6).

Tabela 4.6: Efeito da idade no nível de soro CD8 dos fumadores.

Grupos etários (Ano)	Número de fumadores	CD8 (ng/ml) média ± DP	Número de não fumadores	CD8(ng/ml)* média ± DP	Teste t
14-25	19	59.72 ± 2.53 e	6	39.22 ± 7.33d	4.094 **
26-35	32	94.09 ± 1.34 a	5	61.52 ± 2.34a	6.315 **
36-45	38	84.65 ± 1.77 b	11	55.46 ± 2.72b	6.755 **
46-55	32	72.38 ± 2.06 c	16	52,52±1,73bc	5.612 **
Mais de 56	29	69.10 ± 2.55 d	12	52.53 ± 1.74c	6.483 **
Valor LSD	---	1.068 **	---	3.362 **	--
Valor de p	-	0.0001	-	0.0001	

*** Valores normais (35,4-65,4 ng/ml). ** ($P \leq 0.01$).**

As letras diferentes na mesma coluna significam diferenças significativas.

Além disso, foi observada uma alteração significativa ($P \leq 0,01$) no nível sérico de CD8 em associação com a duração do tabagismo, como se mostra na tabela (4.7). O grupo com mais de (20) anos de tabagismo apresentou um nível mais elevado de CD8 ($93,01 \pm 2,85$ ng/ml) do que os outros grupos de fumadores. Por outro lado, todos os grupos de fumadores apresentaram alterações significativas em comparação com o grupo de controlo.

O presente trabalho revelou uma diferença estatística ($P \leq 0,01$) no nível sérico de CD8 entre os grupos de fumadores de acordo com o número de maços de tabaco consumidos por dia, como mostra a tabela (4.8), o grupo de um maço de tabaco por dia apresentou um aumento no nível de CD8 quando comparado com indivíduos não fumadores, o grupo de mais de um maço de tabaco apresentou um nível elevado de CD8 ($80,05 \pm 10,33$ ng/ml) em comparação com o grupo de um maço de tabaco.

Ao mesmo tempo, não se registaram alterações significativas no nível de CD8 em função dos grupos de género.

Quadro 4.7: Efeito da duração do tabagismo no nível de soro CD8 dos fumadores.

Duração dos grupos de fumadores (ano)	Número de fumadores	CD8 (ng/ml) média ± DP

5-10	22	60.60 ± 3.34 d
11-15	44	70.67 ± 2.65 c
16-20	46	80.88 ± 5.58 b
Mais de 20	38	93.01 ± 2.85 a
Valor LSD	---	1.866 *
Valor de p	-	0.0001

* Valores normais (35,4-65,4 ng/ml) .** (P≤0,01).

As letras diferentes na mesma coluna significam diferenças significativas.

Tabela 4.8: Efeito do número de maços no nível de soros CD8 dos fumadores.

Número de maços Grupos de fumadores	Número de fumadores	CD8 (ng/ml) * média ± DP
Uma embalagem	16	59.67 ± 2.63 b
Mais do que uma embalagem	134	80.05 ± 10.33 a
Valor do teste t	---	5.137 **
Valor de p	-	0.0001

* Valores normais (35,4-65,4 ng/ml) .** (P≤0,01).

As letras diferentes na mesma coluna significam diferenças significativas.

No entanto, o papel exato do CD8 no tabagismo e o efeito do fumo do cigarro sobre o CD8 permanecem pouco claros (Botelho *et al.*, 2010), mas o aumento do nível de CD8 pode ser atribuído à exposição a ingredientes tóxicos do fumo do cigarro, especialmente alcatrão, N-nitrosaminas, monóxido de carbono, que estimulam o sistema imunitário, além disso, o efeito das toxinas envolve as células, que podem promover a imunidade mediada por células, como os linfócitos T (CTL), ou células assassinas que produzem CD8.

A presente descoberta foi apoiada por algumas investigações *in vitro* que indicaram que os componentes solúveis extraídos do fumo do cigarro podem ter um efeito significativo na proliferação e ativação das células T (Arnson *et al.*, 2010). Estudos demonstraram que a CD8 estava inversamente correlacionada com a função pulmonar e pode desempenhar um papel crucial na inflamação pulmonar associada ao tabagismo (Finkelstein *et al.*, 1995 e Farhang *et al.*, 2013).

Além disso, as descobertas recentes confirmaram que o CD8 exibia funções de regulação imunológica como Boldison *et al.* (2014) e Tamara *et al.* (2016). Enquanto isso, o presente estudo indicou que havia uma forte correlação entre o CD8 circulante e o índice de tabagismo. Verificou-se que o CD8 foi influenciado pelo tabagismo, que apresentou efeitos significativos em todos os diferentes casos e foi influenciado pela idade, número de maços de tabaco consumidos e duração do tabagismo, podendo também ser um indicador de alguns distúrbios respiratórios ou infecções resultantes do tabagismo.

Além disso, os resultados mostraram alterações significativas (P≤0,01) no nível de CD8, que parecia muito elevado nos jovens fumadores em comparação com os fumadores idosos. Além disso, verificou-se que o número de maços e a duração do consumo de tabaco também afectavam o nível de CD8. Estes resultados estavam de acordo com Moszczynski *et al.* (2001) que observaram níveis aumentados de CD8 em voluntários fumadores em comparação com não fumadores.

4.3.2 Estimativa do nível de TNF-α nos soros de fumadores

O TNF-α foi escolhido no presente estudo devido à sua importância no sistema imunitário e à sua relação com diferentes infecções, cancros e exposição a toxinas como o tabaco (Bostrom *et al.*, 1999), os resultados da relação entre a idade e o tabagismo mostraram alterações significativas (P≤0,01) no nível sérico de TNF-α entre os fumadores, como se mostra na tabela (4.9). O grupo etário (26-35) anos mostrou um nível sérico elevado (39,39 ± 4,25 pg/ml) do que os outros grupos etários de fumadores, ao mesmo tempo que todos os grupos etários de fumadores mostraram alterações significativas quando comparados com o grupo de controlo.

Tabela 4.9: Efeito da idade no nível sérico de TNF-α dos fumadores.

Grupos etários (Ano)	Número de fumadores	TNF- α pg$^{(/ml)}$ média ± DP	Número de não fumadores	TNF- (pg/ml)* média ± DP	Teste t
14-25	19	20.75 ± 3.67 d	6	13.57 ± 1.26 c	3.178 **
26-35	32	39.39 ± 4.25 a	5	18.90 ± 2.74 a	5.419 **
36-45	38	32.70 ± 4.59 b	11	16.66 ± 2.58 b	5.624 **
46-55	32	30.73 ± 4.39 b	16	15.53 ± 1.17 b	3.068 **
Mais de 56	29	23.18 ± 3.01 c	12	13.17 ± 1.00 c	3.093 **
Valor LSD	-	2.148 **	-	1.724 **	----
Valor de p	---	0.0001	---	0.0001	

***Valores normais (12,5-21,5 pg/ml). ** (P≤0.01).**

As letras diferentes na mesma coluna significam diferenças significativas.

Além disso, foram observadas alterações significativas (P≤0,01) no nível sérico de TNF-α em associação com a duração do tabagismo, como mostra a tabela (4.10), o grupo com mais de 20 anos de tabagismo apresentou um nível sérico de TNF-α mais elevado (40,20 ± 2,92 pg/ml) do que os outros grupos de fumadores. Além disso, todos os grupos de fumadores apresentaram alterações significativas quando comparados com o grupo de controlo.

Tabela 4.10: Efeito da duração do tabagismo no nível sérico de TNF-α dos fumadores.

Duração dos grupos de fumadores (ano)	Número de fumadores	TNF- α (pg/ml)* média ± DP
5-10	22	19.50 ± 1.89 d
11-15	44	25.23 ± 2.78 c
16-20	46	32.42 ± 2.24 b
Mais de 20	38	40.20 ± 2.92 a

| Valor LSD | - | 1.145 ** |
| Valor de p | - | 0.0001 |

***Valores normais (12,5-21,5 pg/ml). ** (P≤0.01).**

As letras diferentes na mesma coluna significam diferenças significativas.

Os resultados do presente estudo mostraram alterações significativas (P≤0,01) no nível sérico de TNF-α entre os grupos, de acordo com o número de maços de tabaco consumidos por dia pelos fumadores, como se mostra na tabela (4.11), o grupo com mais de um maço de tabaco apresentou um nível sérico elevado de TNF-α (31,77 ± 0,69 pg/ml) em comparação com o grupo com um maço de tabaco, enquanto o grupo com um maço de tabaco por dia apresentou um aumento no nível sérico de TNF-α em comparação com os não fumadores. Além disso, o presente estudo não revelou alterações significativas no nível sérico de TNF-α com o grupo do género. Verificou-se que o nível sérico de TNF-α como CD8 foi influenciado pelo tabagismo, que foi significativamente afetado em todos os vários casos, pela idade, número de maços de tabaco consumidos e duração do tabagismo.

Tabela 4.11: Efeito do número de maços no nível sérico de TNF-α dos fumadores.

Número de maços Grupos de fumadores	Número de fumadores	TNF- α (pg/ml) * média ± DP
Uma embalagem	16	18.49 ± 1.57 b
Mais do que uma embalagem	134	31.77 ± 0.69 a
Valor do teste T	---	3.324 **
Valor de p	-	0.0001

***Valores normais (12,5-21,5 pg/ml). ** (P≤0.01).**

As letras diferentes na mesma coluna significam diferenças significativas.

O nível elevado de TNF-α pode dever-se ao facto de a exposição ao fumo de cigarros aumentar o número de macrófagos no espaço alveolar dos fumadores, levando à produção de citocinas mediadoras pró-inflamatórias, incluindo o TNF-α.

O presente resultado está de acordo com Bostrom *et al.* (1999), que relataram um nível elevado de TNF-α no fluido crevicular gengival de pacientes fumadores em comparação com não fumadores com doença periodontal. Além disso, os resultados são consistentes com Merghani *et al.* (2012), que indicaram que o nível sérico de TNF-α era significativamente mais elevado no grupo de fumadores do que no grupo de não fumadores.

Os níveis séricos de TNF- α também foram significativamente mais elevados nos fumadores de mais de um maço por dia do que nos de um maço, o que estava de acordo com o estudo de Petrescu *et al.* (2010) que referiu o aumento acentuado da ativação do sistema TNF- α com um aumento do número de cigarros fumados por dia.

4.4 Estudo de medição dos factores oxidantes

Os factores antioxidantes foram medidos em 150 amostras de plasma de fumadores pesados e 50 de não fumadores para estimar o nível de MDA de valor normal (6,5-15,5 nmol/ml) e GSH de valor normal (10,5-18,5 mM/ml) utilizando leitores de placas.

Os leitores de placas são um aparelho multimodal que permite a realização e medição simultânea de diferentes experiências, podendo ser efectuadas medições de absorvância, fluorescência e luminescência. As placas de poços múltiplos são essenciais para o leitor de microplacas e permitem a realização de numerosas experiências em simultâneo (D'Angelo *et al.*, 2001).

4.4.1 Medição do nível de malondialdeído (MDA) no plasma de fumadores.

O malondialdeído demonstrou ser um bom indicador em diferentes casos de distúrbios corporais, como doenças crónicas, diabetes, VIH, infeção por hepatite, tumores malignos e tabagismo intenso (Talarowska *et al.*, 2014), pelo que foi escolhido neste estudo, os resultados revelaram alterações significativas (P≤0,01) no nível de MDA entre os grupos etários, o grupo etário com mais de (56) anos apresentou um nível elevado de MDA (20,70 ± 0,76 nmol/ml) do que outros grupos etários, como se mostra na tabela (4.12).

Além disso, os resultados revelaram alterações significativas (P≤0,01) no nível de MDA em associação com a duração do tabagismo, como se pode ver na tabela (4.13), o grupo com mais de 20 anos de tabagismo apresentou um nível mais elevado de MDA (20,02 ± 1,43 nmol/ml), do mesmo modo que todos os grupos de fumadores apresentam alterações significativas em comparação com o grupo de controlo.

Tabela 4.12 : Efeito da idade no nível plasmático de MDA dos fumadores.

Grupos etários (ano)	Número de fumadores	MDA (nmol/ml) média ± DP	Número de não fumadores	MDA (nmol/ml)* média ± DP	Teste t
14-25	19	13.44 ± 0.78 e	6	7.23 ± 1.32 e	1.956 *
26-35	32	15.25 ± 1.19 d	5	9.92 ± 0.83 d	2.067 **
36-45	38	15.98 ± 0.94 c	11	11.52 ± 1.26 c	1.823 **
46-55	32	16.62 ± 1.11 b	16	12.76 ± 1.13 b	1.964 **
Mais de 56	29	20.70 ± 0.76 a	12	14.29 ± 0.84 a	2.179 **
Valor LSD	---	0.519 **	---	1.088 **	- --

*** Valores normais (6,5-15,5 nmol/ml). ** (P≤0.01).**

As letras diferentes na mesma coluna significam diferenças significativas.

Além disso, os resultados mostraram alterações altamente significativas (P≤ 0,01) no nível de MDA associado ao número de maços de tabaco consumidos por dia pelos fumadores, como mostra a tabela (4.14), o grupo que consumiu mais de um maço de tabaco por dia apresentou um nível mais elevado de MDA (16,96 ± 2,26 nmol/ml) entre os outros grupos de fumadores. Além disso, todos os grupos de fumadores apresentaram alterações significativas em comparação com o grupo de controlo.

Não se registaram alterações significativas no nível de MDA em função **do** grupo de género.

Quadro 4.13: Efeito da duração do tabagismo no nível plasmático de MDA dos fumadores.

Duração dos grupos de fumadores (ano)	Número de fumadores	MDA (nmol/ml)* média ± DP
5-10	22	13.95 ± 1.50 d

11-15	44	15.06 ± 0.94 c
16-20	46	16.36 ± 0.77 b
Mais de 20	38	20.02 ± 1.43 a
Valor LSD	---	0.542 *
Valor de p	---	0.0001

* Valores normais (6,5-15,5 nmol/ml), ** (P≤0,01).

As letras diferentes na mesma coluna significam diferenças significativas.

Quadro 4.14: Efeito do número de maços no nível plasmático de MDA dos fumadores.

Número da embalagem fumador grupos	Número de fumadores	MDA (nmol/ml)* média ± DP
Uma embalagem	16	13.15 ± 0.58 b
Mais do que uma embalagem	134	16.96 ± 2.26 a
Valor do teste t	-	1.124 **
Valor de p	---	0.0001

* Valores normais (6,5-15,5 nmol/ml), ** (P≤0,01).

As letras diferentes na mesma coluna significam diferenças significativas.

O MDA tem sido reconhecido como um importante indicador da peroxidação lipídica, que está envolvida no cancro como resultado da acumulação de mutações genéticas resultantes da exposição a genotoxinas exógenas e a espécies reactivas de oxigénio (Chu *et al.*, 2013). Além disso, foi demonstrado que o MDA aumentou em indivíduos afectados por várias doenças (Ho *et al.*, 2013), pelo que o MDA pode ser utilizado como um dos marcadores para o diagnóstico e acompanhamento de tumores malignos (Giera *et al.*, 2012).

No presente estudo, observou-se um aumento do nível de MDA nos indivíduos fumadores em comparação com os não fumadores. O estudo também mostrou uma variação no nível de MDA entre os grupos que consumiram o maço de cigarros por dia, a duração do consumo de cigarros e a idade, o que pode dever-se ao facto de a exposição ao consumo de cigarros aumentar os radicais livres, o que causa danos oxidativos nos lípidos, levando a um aumento da peroxidação lipídica e do MDA.

Muitos estudos referiram que o tabagismo conduziu a um aumento do nível de MDA nos fumadores em comparação com os não fumadores (Kania *et al.*, 2011; Kahnamoei *et al.*, 2014). Outro estudo recente realizado por Jaggi e Abhay (2015) confirmou uma relação positiva entre o aumento do número de cigarros fumados por dia e a elevação do nível de MDA, o que está mais de acordo com os presentes achados, também o trabalho de AlMuhammadi (2016), encontrou aumentos significativos p <0,05 na concentração sérica de MAD em fumantes iraquianos comparável ao grupo de controle de não fumantes.

4.4.2 Medição do nível de glutatião (GSH) no plasma de fumadores

A GSH desempenha um papel significativo em muitos eventos celulares, incluindo a diferenciação celular, a proliferação e a apoptose (Bohanes *et al.*, 2013), os seus baixos níveis ou deficiência contribuem para o stress oxidativo que está implicado em doenças como o cancro, a doença de Parkinson, a doença de Alzheimer, as doenças hepáticas, a diabetes, a anemia e o ataque cardíaco (Zenger *et al.*, 2004). Além disso, os desequilíbrios nos níveis de GSH afectam a função do sistema imunitário e sugere-se que desempenhem um papel no processo de envelhecimento (Mandal *et al.*, 2015).

Os resultados actuais mostraram uma diminuição dos níveis plasmáticos de GSH entre os fumadores e que o declínio é afetado pela idade. Os fumadores com idade superior a (56) anos apresentaram um nível mais baixo (7,64 ± 1,67 mM/ml) do que os outros grupos etários, como se pode ver nas tabelas (4.15).

Tabela 4.15: Efeito da idade no nível plasmático de GSH dos fumadores.

Grupos etários (ano)	Número de fumadores	GSH (mM/ml) média ± DP	Número de não fumadores	GSH (mM/ml)* média ± DP	Teste t
14-25	19	10.92 ± 191 a	6	15.8±2.4 a	1.943**
26-35	32	10,57 ± 1,73 ab	5	15.1 ±2.2 a	1.758**
36-45	38	9.80 ± 1.47 b	11	13,1±2,7 ab	2.361**
46-55	32	8.69 ± 1.63 c	16	12.6±2.8 b	1.775**
Mais de 56	29	7.64 ± 1.67 d	12	12.2±2.1 b	1.931**
Valor LSD	-	0.871 *	-	2.637 *	----
Valor de p	-	0.0001	-	0.0183	

***Valores normais (10,5-18,5 mM/ml). ** (P≤0.01).**

As letras diferentes na mesma coluna significam diferenças significativas.

Além disso, os resultados esclareceram alterações significativas (P≤0,01) nos níveis de GSH em associação com a duração do tabagismo (Tabela 4.16).

O grupo com mais de (20) anos revelou o nível mais baixo de GSH (6,96 ± 1,06 mM/ml) entre os outros grupos de fumadores, e todos os grupos de fumadores apresentaram alterações significativas em comparação com o grupo de controlo.

Quadro 4.16: Efeito da duração do tabagismo no nível plasmático de GSH dos fumadores.

Duração dos grupos de fumadores (ano)	Número de fumadores	GSH (mM/ml)* média ± DP
5-10	22	12.33 ± 1.01 a
11-15	44	10.69 ± 0.78 b
16-20	46	8.94 ± 0.56 c
Mais de 20	38	6.96 ± 1.06 d
Valor LSD	-	0.401 **
Valor de p	-	0.0001

*** Valores normais (10,5-18,5 mM/ml). ** (P≤0.01).**

As letras diferentes na mesma coluna significam diferenças significativas.

Além disso, os resultados ilustraram alterações altamente significativas (P≤0,01) nos níveis de GSH associados ao número de maços consumidos por dia pelos fumadores, como se pode ver na tabela (4.17), o grupo que consumiu mais de um maço por dia apresentou um nível mais baixo de GSH (9,05 ± 1,71 mM/ml) entre os outros grupos de fumadores, além disso, todos os grupos de fumadores apresentaram alterações significativas em comparação com o grupo de controlo. Aparentemente, não se registaram alterações significativas no nível de GSH relacionadas com o grupo de género.

A GSH está fundamentalmente envolvida em muitos mecanismos metabólicos e bioquímicos, como a síntese de proteínas e prostaglandinas, a síntese e reparação do ADN, a manutenção das ligações dissulfureto nas proteínas, a ativação enzimática e o transporte de aminoácidos através das membranas celulares (Kamerbeek *et al.*, 2007). Assim, o declínio do seu valor circulante pode levar a muitos distúrbios, especialmente na síntese e reparação do ADN, conduzindo a mutações que são o principal fator de desenvolvimento de cancros.

Tabela 4.17: Efeito do número de maços no nível plasmático de GSH dos fumadores.

Número de maços Grupos de fumadores	Número de fumadores	GSH (mM/ml)* média ± DP
Uma embalagem	16	12.88 ± 0.77 a
Mais do que uma embalagem	134	9.05 ± 1.71 b
Valor do teste T	---	0.860 **
Valor de p	-	0.0001

***Valores normais (10,5-18,5). ** (P<0.01).**

As letras diferentes na mesma coluna significam diferenças significativas.

É evidente que o nível de GSH diminuiu entre os fumadores pesados em comparação com os não fumadores, e também o maço de tabaco por dia, a duração do tabagismo e a idade tiveram um efeito significativo nos níveis de GSH. A presente descoberta sugere que a exposição crónica ao fumo causa uma diminuição do nível plasmático de GSH nos fumadores, possivelmente devido à ocorrência da geração de oxidantes e/ou da oxidação de proteínas, para além dos danos nos pulmões e noutros tecidos.

Resultados semelhantes foram obtidos por Mahapatra *et al.* (2008), que observaram que o tabagismo conduziu a uma diminuição do nível de GSH nos fumadores em comparação com os não fumadores. Diken *et al.* (2001) mostraram que a longa duração do tabagismo levou a uma diminuição do nível de GSH mais do que a curta duração do tabagismo, e nos dois grupos de fumadores o nível de GSH diminuiu em comparação com os não fumadores, também o trabalho de Abdul-Rasheed e Al-Rubayee (2013) descobriu que o GSH plasmático estava diminuído nos fumadores quando estudou os efeitos do tabagismo na peroxidação lipídica e no estado antioxidante em homens iraquianos na cidade de Bagdade.

Por outro lado, Arvind e Suchetha (2013) referiram que o tabagismo crónico levou a uma diminuição do nível de GSH nos fumadores em comparação com os não fumadores, e nos efeitos deletérios do tabagismo no stress oxidativo e subsequentemente na carcinogénese, também Bĭζoή e Milnerowicz em (2012) analisaram o efeito do tabagismo pesado na diminuição da concentração de glutationa no sangue, e encontraram uma redução estatisticamente significativa no sangue de fumadores com (20) cigarros por dia em comparação com pessoas não fumadoras.

Abdel-Aziz (2010) sugeriu que a nicotina é um dos compostos que induzem o stress oxidativo intracelular e é reconhecida como um importante agente envolvido na danificação de moléculas biológicas.

4.5 Determinação do efeito da nicotina em linhas celulares (estudo *in vitro*)

4.5.1 Medição da viabilidade das células

A concentração de células e a viabilidade de dois tipos de células de cancro do pulmão, as linhas H460 (*TP53+/+*) e H441 (*TP53-/-*), foram determinadas utilizando o corante azul de Tripan e o countess, de acordo com o protocolo padrão mencionado por Denizot e Lang (1986).

O resultado das linhas de células cancerígenas do pulmão H460 mostrou que a contagem total era de $(5,2 \times 10^6$ células /ml), um número $(4,9 \times 10^6$ células /ml) delas estava vivo e $(3,6 \times 10^5$ células /ml) delas estavam mortas, com percentagem de viabilidade (93.15%), enquanto o resultado das células de cancro do pulmão H441 apresentou uma contagem total $(5,1 \times 10^6$ células /ml), um número $(4,1 \times 10^6$ células /ml) de células vivas e um número $(9,9 \times 10^5$ células /ml) de células mortas, com uma percentagem de viabilidade (80,55%).

4.5.2 Estimativa da toxicidade celular

O efeito da nicotina nas linhas celulares H460 e H441 foi avaliado através da toxicidade celular utilizando o ensaio MTT, tendo a análise e a representação gráfica dos dados sido efectuadas através do software Microsoft Excel 2007.

Os resultados mostraram que a nicotina inibiu a viabilidade das células H460 (que têm o tipo selvagem de *TP53*) em todas as concentrações. Verificou-se que as células foram completamente abolidas pelo tratamento com (1000 μ M) de nicotina e a viabilidade atingiu a percentagem mínima (3,43%), como se mostra na figura (4.7).

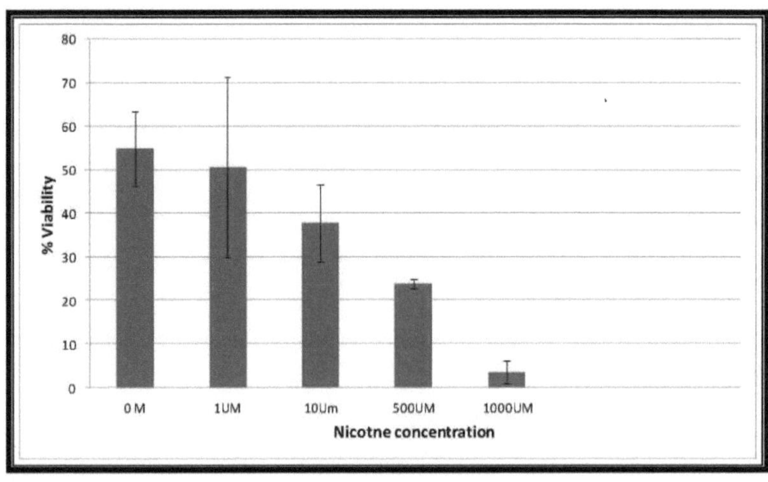

Figura 4.7: Efeitos citotóxicos da nicotina nas células de cancro do pulmão H460 através do ensaio MTT com um comprimento de onda de 570 nM.

Embora a nicotina tenha induzido a proliferação em células de cancro do pulmão sem *TP53* (H441), mesmo a uma concentração mais baixa (1 µ M), verificou-se que a viabilidade atingiu a percentagem máxima (41,04%) a uma concentração (1000 µ M), como se mostra na figura (4.8).

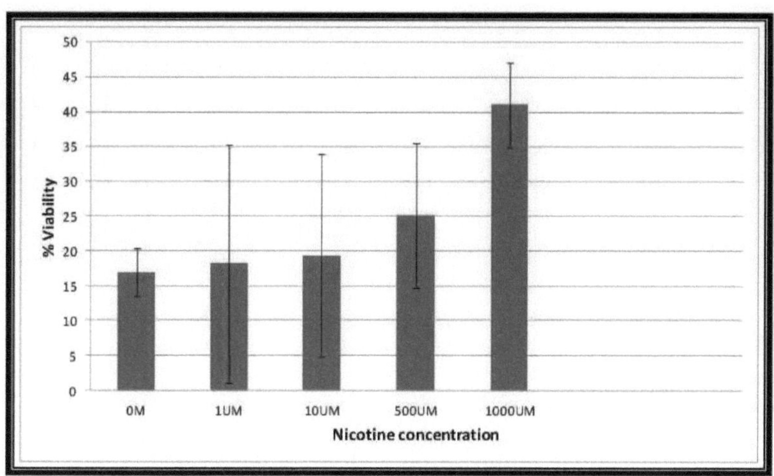

Figura 4.8 : Efeitos citotóxicos da nicotina nas células H441 do cancro do pulmão através do ensaio MTT com um comprimento de onda de 570 nM.

4.5.3 Determinação da apoptose e necrose celular

Para determinar se a inibição do crescimento das células H460 e da proliferação das células H441 pela nicotina estava associada à indução de células apoptóticas e necróticas. O índice de apoptose e de necrose foi avaliado pelo método de coloração com AnnexinV-FITC por citometria de fluxo. A anexina tem sido utilizada para detetar sucessivamente células apoptóticas *in vitro* e *in vivo* (Van Engeland *et al.*, 1998). De acordo com este método, os resultados mostraram que o tratamento com nicotina em concentrações (1 µ M, 10 µ M, 500 µ M e 1000 µ M) durante 24 horas induziu a apoptose em células H460 em todas as concentrações quando comparadas com células não tratadas (como controlo), especialmente nas concentrações mais elevadas (1000 µ M), quando a apoptose atingiu um valor máximo (55.5%), também foi notado que a nicotina não aumentou a necrose nas células H460, assim como fez na apoptose, que atingiu o valor mínimo de necrose (3,5%). No entanto, a nicotina induziu a proliferação nas células de cancro do pulmão H441 e a maior proliferação na concentração de (1000 µM) cujo valor de apoptose atingiu a percentagem mínima (1,5%), e ao mesmo tempo verificou-se que o valor de necrose atingiu (20,7%) (Figuras 4.9, 4.10 e 4.11).

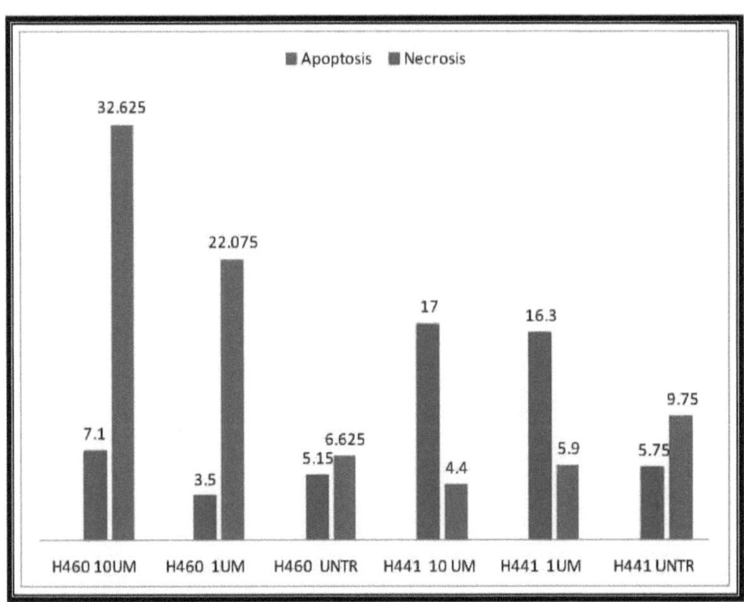

Figura 4.9 : Percentagens de Apoptose e Necrose após 24 horas de tratamento com nicotina com concentrações (1 μ M e 10 μ M) em células de cancro do pulmão H460 e H441.

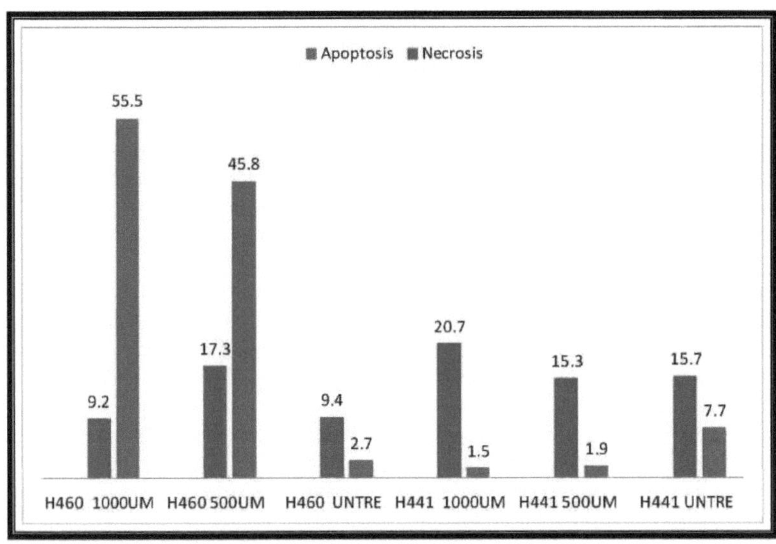

Figura 4.10 : Percentagens de Apoptose e Necrose após 24 horas de tratamento com nicotina com concentrações (500 μ M e 1000 μ M) em células de cancro do pulmão H460 e H441.

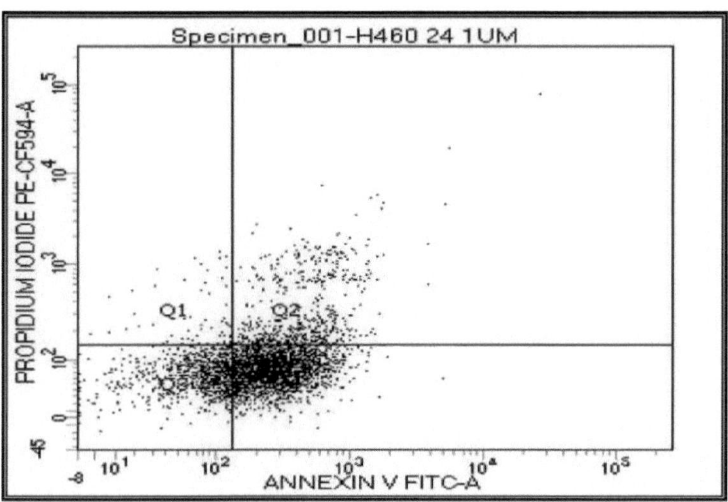

Figura 4.11: Apoptose e Necrose após 24 horas de tratamento com nicotina com concentração (1 µM) em células de cancro do pulmão H460 por citometria de fluxo.

Também os resultados atuais mostraram que o tratamento com nicotina em todas as concentrações (1 µ M, 10 µ M, 500 µ M e 1000 µ M) por (48 h) induziu uma alta taxa de apoptose na célula de câncer de pulmão H460, que atingiu o valor máximo (57.5%) nas concentrações mais altas (1000 µ M), quando comparadas com o tratamento por (24 h), enquanto o valor da necrose foi (13%), o que pode ter acontecido devido à exposição à nicotina por mais tempo, embora a proliferação induzida de células de câncer de pulmão H441 tenha sido relatada nos achados acima, mas foi observado que o tratamento com nicotina por (48 h) aumentou mais proliferação principalmente nas concentrações mais altas (1000 µ M), que atingiu o valor mínimo de apoptose (1.35%), também as células H441 sofreram de necrose mais do que as H460 (20%). Isto talvez se deva ao facto de as células cancerosas do pulmão H441 não possuírem o *gene TP53*, responsável pela apoptose, pelo que a morte celular é causada por necrose e não por apoptose, como mostram as figuras (4.12), (4.13) e (4.14).

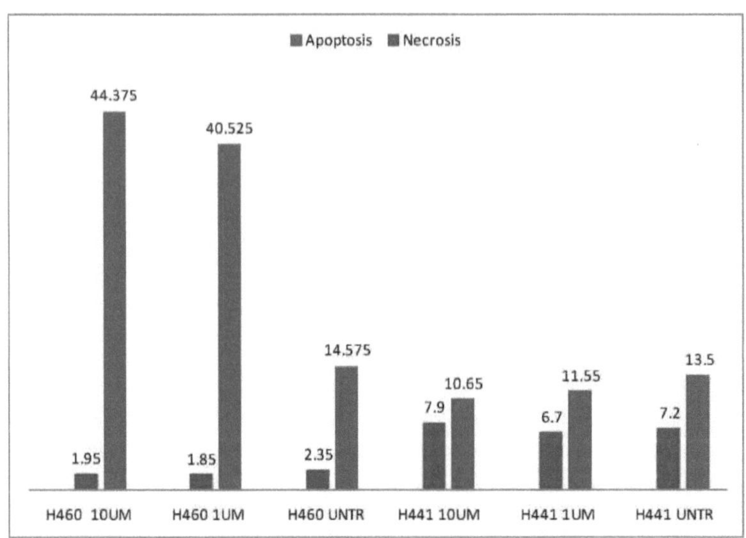

Figura 4.12 : Percentagens de Apoptose e Necrose após 48 horas de tratamento com nicotina com concentrações (1 μ M e 10 μ M) em células de cancro do pulmão H460 e H441.

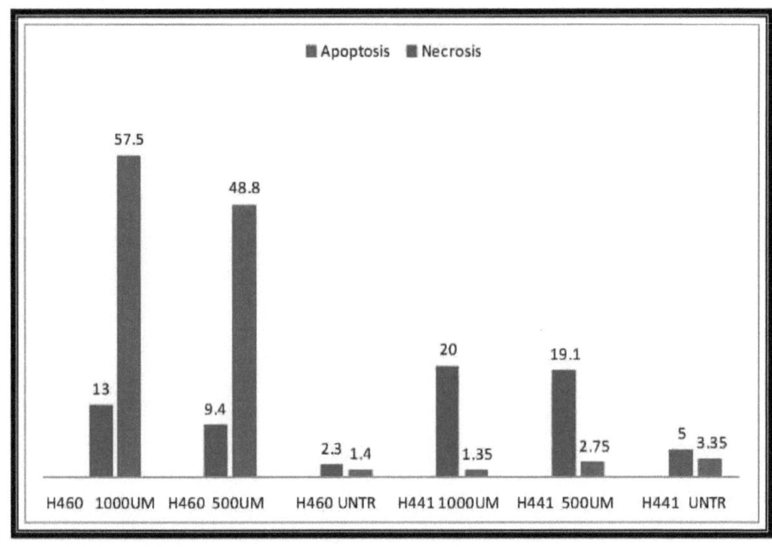

Figura 4.13: Percentagens de Apoptose e Necrose após 48 h de tratamento com nicotina com concentrações (500 μ M e 1000 μ M) em células de cancro do pulmão H460 e H441.

Parece que os índices de viabilidade, apoptose e necrose da nicotina em várias concentrações são diferentes nas linhas celulares de cancro do pulmão H441(*TP53-/-*) e H460(*TP53+/+*), o que indica que a ativação do *TP53* pela nicotina pode ser diferente nas células com e sem *TP53*. Foram envidados muitos esforços por diferentes grupos de investigação para determinar o papel da nicotina no processo de carcinogénese pelo tabaco. Tem sido considerada um fator de risco significativo na proliferação de diferentes células cancerígenas (Dasgupta *et al.*, 2006 e Chen *et al.*, 2008) e verificou-se que induz uma maior perfusão dos tecidos e angiogénese (Heeschen *et al.*, 2001 e Egleton *et al.*, 2009).

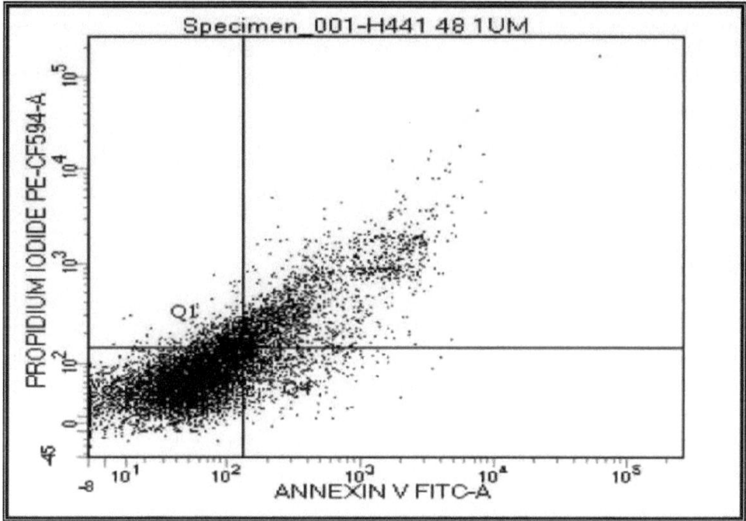

Figura 4.14: Apoptose e Necrose após 48 horas de tratamento com nicotina com concentração (1 µM) em células de cancro do pulmão H441 por citometria de fluxo.

Além disso, foi convincentemente revelado que a nicotina induz a proliferação em células de cancro do pulmão, particularmente naquelas com estado *TP53* ausente, além disso, a ocorrência de necrose em algumas dessas células. A este respeito, a capacidade da nicotina para aumentar a proliferação independente da aderência das células tumorais é bem aceite (Dasgupta *et al.*, 2009), e foi revelado que a nicotina induz a proliferação em células de cancro do pulmão, mas o papel regulador do *TP53* na proliferação induzida pela nicotina ainda não foi confirmado (Dasgupta *et al.*, 2006).

Observou-se um aumento significativo da proliferação de células de cancro do pulmão sem *TP53*, ao mesmo tempo que se verificou um aumento da apoptose e uma diminuição da necrose nas células com *TP53* de tipo selvagem, o que, dependendo da concentração de nicotina, revelou um papel prejudicial da nicotina, especialmente nas células de cancro do pulmão, validou ainda que o tratamento com nicotina em células sem *TP53 conduzia* à proliferação e indução de necrose em células de cancro do pulmão sem *TP53* (H441) e conduzia à apoptose na presença de *TP53* em células portadoras de *TP53* de tipo selvagem (H460). Isto estabeleceu uma convicção para o papel do *TP53* na indução de vários sinais de sobrevivência pela nicotina.

As pessoas com mutações *TP53* que fumam podem ter maior probabilidade de contrair outros tipos de cancro, uma vez que *as mutações TP53* estão relacionadas com muitos dos tumores associados ao tabaco, incluindo os cancros do pulmão, da cabeça e do pescoço e da bexiga (Harris, 1995).

Os efeitos da nicotina foram confirmados para muitas células tumorais, como as da mama, do cólon e do pulmão (Heeschen *et al.*, 2002; Mousa e Mousa, 2006). Além disso, muitos estudos demonstraram que a nicotina promoveu a migração e a proliferação de células endoteliais (Cardinale *et al.*, 2012; Lee e Cooke, 2012). Também Shetty *et al.*(2012) forneceram uma nova informação sobre como a exposição ao fumo do cigarro pode induzir a expressão de *TP53* relacionada com a apoptose das células pulmonares.

Os mecanismos responsáveis pelos efeitos genotóxicos resultantes da nicotina ainda não foram comprovados, mas é importante que os efeitos sejam notados em concentrações de nicotina não muito superiores às encontradas no sangue de fumadores (Ginzkey *et al.*, 2013).

4.6 Avaliação do efeito da nicotina em animais de laboratório (estudo *in vivo*)

Através de um estudo *in vivo*, quarenta ratos foram utilizados nesta experiência e expostos a diferentes doses de nicotina, as amostras de tecidos pulmonares de todos os animais foram submetidas a análise histopatológica e imuno-histoquímica.

4.6.1 Exame histopatológico

Os resultados do exame histopatológico revelaram várias alterações de acordo com a duração da exposição à nicotina. As secções de tecido pulmonar obtidas de ratinhos injectados com solução salina normal durante 16 semanas no grupo A (controlo) tinham o aspeto normal do pulmão, composto por alvéolos de paredes finas (Al) de uma única camada de epitélio escamoso - saco alveolar normal (AS) (Figura 4.15).

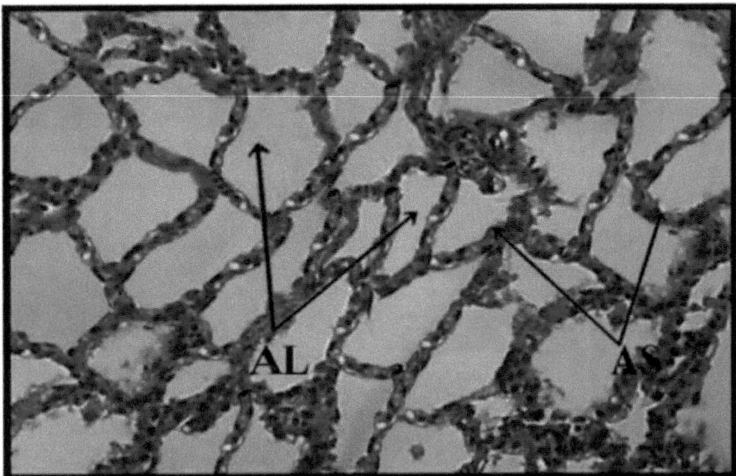

Figura 4.15: Tecidos pulmonares do grupo A mostrando saco alveolar (AS) e alvéolos (Al) normais. H&E (X400).

As secções obtidas de ratinhos do grupo B injectados com nicotina durante 8 semanas revelaram danos precoces nos alvéolos (D), espessamento da parede (TW), enfisema dos alvéolos (AE), congestão (CON) dos vasos sanguíneos e hemorragia (Figura 4.16).

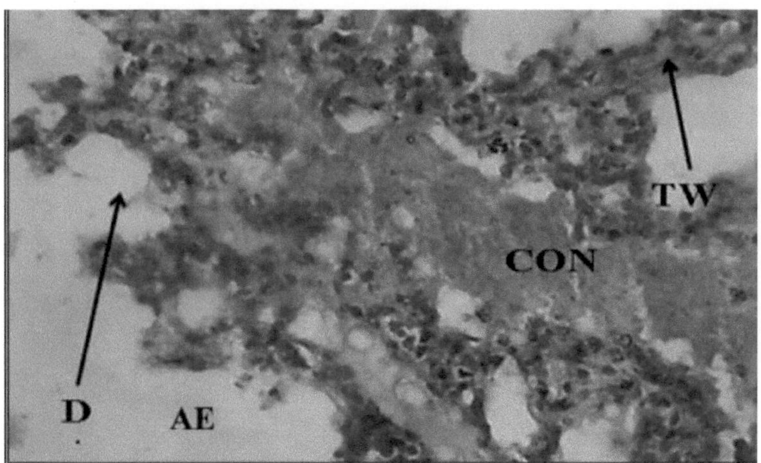

Figura 4.16 : Tecidos pulmonares do grupo B mostrando alvéolos danificados (D), espessamento da parede (TW), enfisema dos alvéolos (AE) e congestão (CON) dos vasos sanguíneos H&E (X400).

O aspeto microscópico das secções de tecido pulmonar, obtidas a partir de ratinhos injectados com nicotina durante 12 semanas, como no grupo C, apresentavam um dano alveolar difuso no pulmão, que é a via final prevalente para um diferente dos danos pulmonares graves, alvéolos que estavam preenchidos com um material liso a ligeiramente floculado de cor rosa distingue-se pela acumulação multifocal de edema pulmonar (ED). Nas áreas de inflamação do pulmão, havia um maior número de células inflamatórias (CI), como neutrófilos e macrófagos nos alvéolos, e também se observava fibrose (FS), como se pode ver nas figuras (4.17).

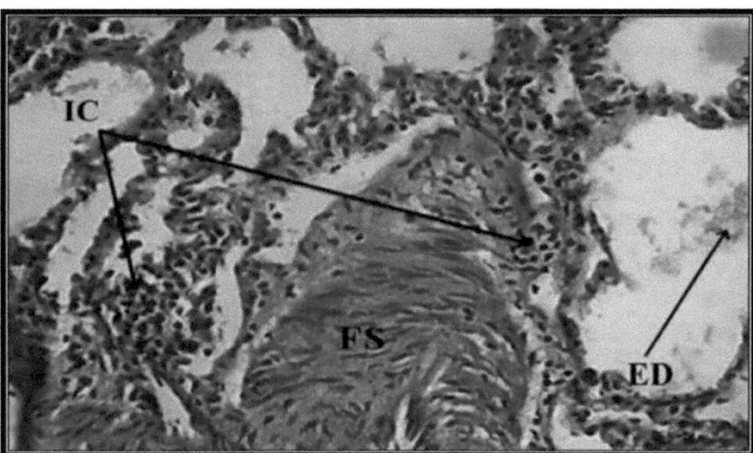

Figura 4.17: Tecidos pulmonares do grupo C mostrando fibrose (FS), edema (ED) com células inflamatórias (IC). H&E (X400).

A secção do pulmão de ratinhos do grupo D injectados com nicotina durante 16 semanas mostrou proliferação de fibroblastos e progressão da deposição de colagénio e fibrose pulmonar (FS). As paredes alveolares estavam danificadas (D) com espessamento da parede (TW), vasos sanguíneos congestionados (CON) e hemorragia com muitos glóbulos vermelhos, além de proliferação e infiltração de linfócitos (LI) (Figuras 4.18 e 4.19) .

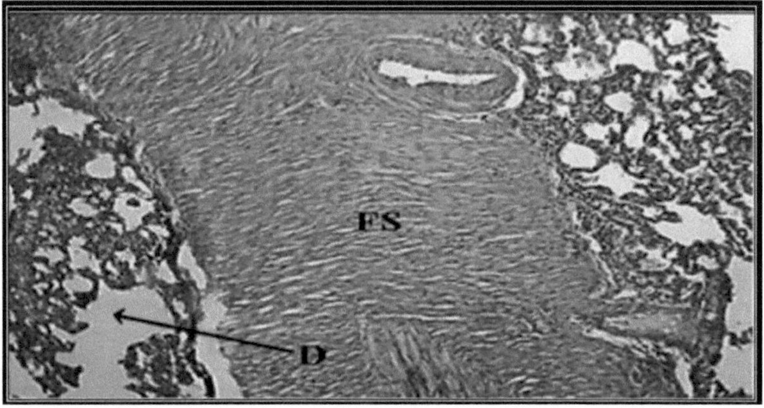

Figura 4.18: Tecidos pulmonares do grupo D mostrando alvéolos danificados (D) com fibrose (FS). H&E (X100).

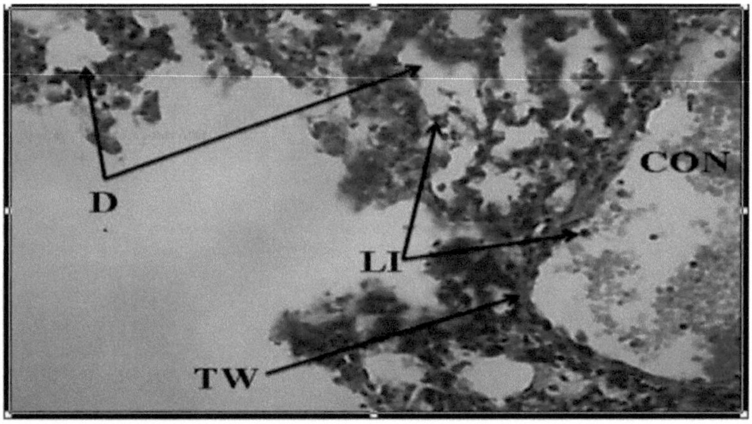

Figura 4.19: Tecidos pulmonares do grupo D mostrando alvéolos danificados (D), espessamento da parede (TW) e congestão (CON) dos vasos sanguíneos com infiltração de linfócitos (LI). H&E (X400).

A nicotina é uma das principais substâncias contidas no fumo do cigarro e foi avaliada quanto à sua toxicidade *in vivo*. O presente estudo revelou que o tratamento de ratos machos adultos com nicotina induziu lesões no tecido pulmonar representadas por alterações degenerativas, tais como danos alveolares, espessamento das paredes e congestão dos vasos sanguíneos, seguida de infiltração de células inflamatórias, tais como linfócitos, causadas pela exposição crónica à toxicidade da nicotina, em conformidade com o referido por Piipari *et al.* (2000).

Muitos estudos têm abordado o exame histopatológico dos pulmões, como o estudo de Duniho *et al.* (2002) que investigou alterações agudas na histopatologia do tecido pulmonar e seleccionou factores do fluido de lavagem bronco-alveolar (BALF) com tempo de sobreposição para definir sinais de diagnóstico precoce de exposição em ratos expostos ao fumo do cigarro, também o estudo de Thun *et al.* (1997) demonstrou a heterogeneidade histológica, com variação na aparência e diferenciação de campo microscópico para campo e de uma secção histológica para a seguinte, quase (50%) dos carcinomas do pulmão apresentam mais do que um dos principais tipos histológicos quando se estimou o efeito do consumo de cigarros e as alterações na histopatologia do cancro do pulmão.

4.6.2Exame imunohistoquímico

A análise imuno-histoquímica da expressão do gene *TP53* é habitualmente utilizada como análise mutacional (Yemelyanova *et al.*, 2011).

No presente estudo, a estimativa das mutações do gene *TP53*, induzidas pela nicotina, foi detectada a expressão da proteína p53 e a sua localização subcelular por imunohistoquímica, e os resultados apresentados como figuras, apenas a coloração do núcleo da célula foi considerada como uma reação positiva das proteínas p53. *O TP53* normal não pode ser corado porque tem uma semi-vida curta. Hall e Lane (1994) referiram que a proteína p53 se acumulava em resposta a erros genéticos espontâneos que ocorriam com maior frequência no tumor do que nos tecidos normais circundantes. Esta coloração de "tipo disperso" da *TP53* pode antes refletir uma acumulação da proteína p53 de tipo selvagem em resultado de uma resposta a uma quebra do ADN, de alterações no processo normal de reparação de danos ou da estabilização da forma do gene por uma interação com proteínas celulares (Baas *et al.*, 1994).

A acumulação nuclear da proteína p53 foi classificada da seguinte forma: se a coloração nuclear fosse observada em apenas (0-1 %) das células, o caso era classificado como coloração negativa, em (2-33 %) como fraca ou de baixa expressão, em (33-79 %) como moderada e acima de (80 %) como forte, de acordo com Zhang *et al.* (2014).

Os resultados actuais revelaram associações claras entre a acumulação da proteína p53 e a duração da exposição à nicotina. A expressão *da TP53* foi particularmente observada em todos os grupos de ratinhos que foram injectados com nicotina.

De um modo geral, observou-se que a intensidade da acumulação da proteína p53 variava na proporção de células coradas e que a distribuição das células positivas era heterogénea entre os graus dos grupos, de acordo com a duração da exposição à nicotina.

O aspeto microscópico das secções de tecido pulmonar obtidas de ratinhos injectados com solução salina normal durante (16) semanas como o grupo A (controlo) apresentou uma coloração negativa, como se mostra na figura (4.20).

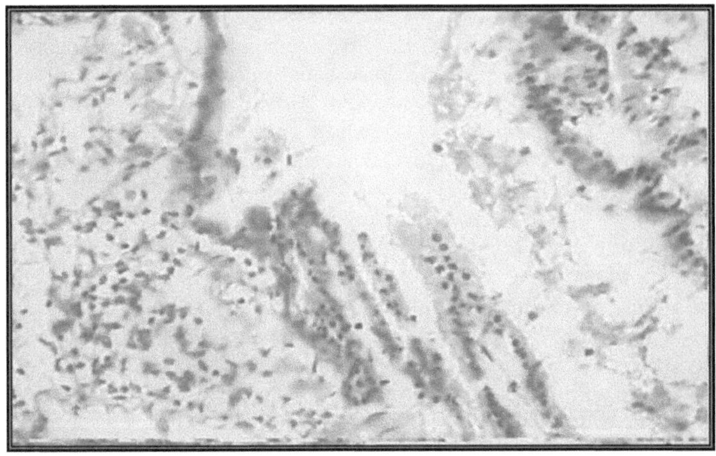

Figura 4.20: Pulmões do grupo A (controlo) com coloração negativa (X400).

As secções de tecido pulmonar obtidas de ratinhos injectados com nicotina durante (8) semanas, como o grupo B, apresentavam uma coloração fraca, o que significa uma baixa expressão de *TP53*, como se mostra na figura (4.21).

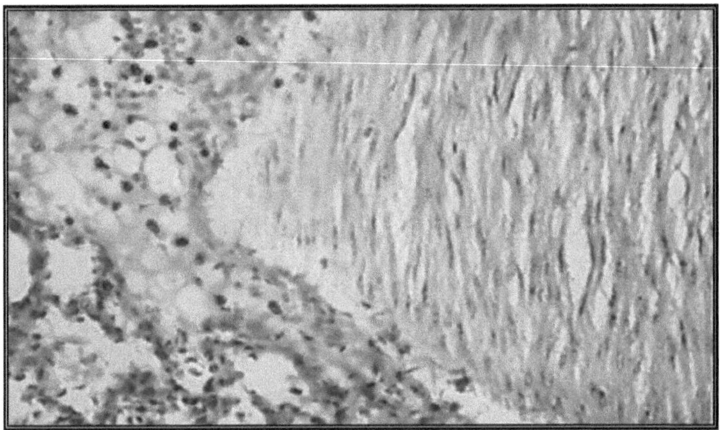

Figura 4.21: Pulmões do grupo B (injectados com nicotina durante 8 semanas) com coloração fraca. (X400).

Uma coloração mediana mostrada na secção do pulmão de ratinhos injectados com nicotina durante (12) semanas como o grupo C, indicou uma expressão moderada de *TP53*, como se mostra na figura (4.22).

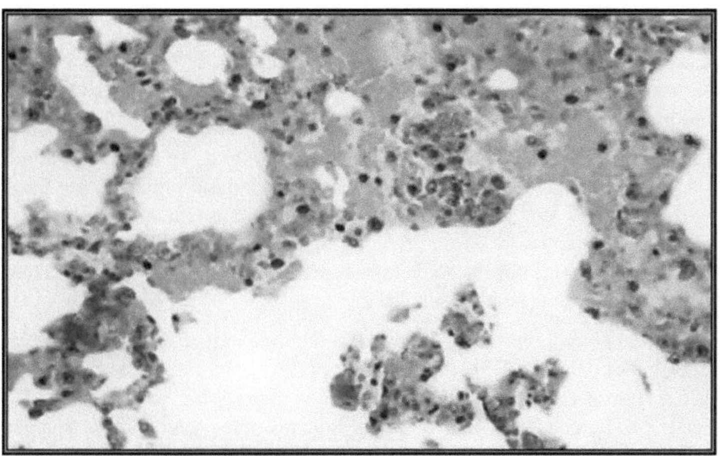

Figura 4.22: Pulmões do grupo C (injectados com nicotina durante 12 semanas) com coloração moderada. (X400).

Observou-se uma forte coloração na secção do pulmão de ratinhos injectados com nicotina, o que sugere que a sobre-expressão de *TP53* foi encontrada em ratinhos injectados durante (16) semanas, o que representou o grupo D (Figura 4.23).

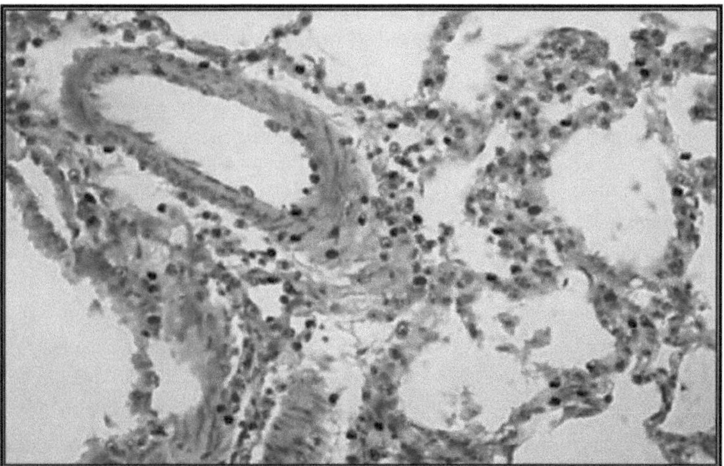

Figura 4.23: Pulmões do grupo D (injectados com nicotina durante 16 semanas) com forte coloração. (X400).

Tem sido geralmente aceite que o gene *TP53* de tipo selvagem é relativamente instável e tem uma semi-vida curta, o que o torna indetetável por imunohistoquímica (Ahmed *et al.*, 2010). Em contrapartida, o *TP53* mutante tem uma semi-vida muito mais longa, pelo que se acumula no núcleo, formando um alvo estável para a deteção imuno-histoquímica (Kirsch e Kastan, 1998). Embora vários estudos tenham descrito a sobreexpressão imuno-histoquímica do *TP53* de tipo selvagem, sugerindo uma estabilidade anormal da proteína não mutante devido à degradação prejudicada sob stress celular, a imunomarcação forte e difusa é geralmente considerada como indicativa de uma mutação missense do *TP53* (Russo *et al.*, 2005).

Foi proposto, mas não tão bem apreciado, que a ausência completa de expressão imuno-histoquímica pode ser o resultado de uma mutação sem sentido que leva à formação de uma proteína truncada, não imunorreactiva (Yemelyanova *et al.*, 2011).

A proteína p53 está situada no núcleo das células de todo o corpo, onde se liga diretamente ao ADN, quando o ADN de uma célula é quebrado por agentes como a radiação, produtos químicos tóxicos, ou raios ultravioleta (UV) da luz solar, esta proteína tem um papel crítico em determinar se o ADN será reparado ou danificado por apoptose, *TP53* é crucial para controlar a divisão celular e prevenir a formação de tumores (Sagne *et al.*, 2014), por isso tem sido chamado o guardião do genoma (Horn *et al.*, 2014).

O presente estudo concordou com alguns estudos em que a nicotina induziu a mutação *TP53*, uma vez que Schaal e Chellappan (2014) relataram que a proliferação celular mediada pela nicotina e a progressão do tumor em cancros relacionados com o tabagismo, também o estudo Schuller *et al.* (1995) em hamsters dourados sírios machos que receberam injecções subcutâneas de nicotina durante (64) semanas, observou que mais de (60%) destes hamsters sofreram de hiperóxia e desenvolveram cancros na cavidade nasal, glândula adrenal e pulmão.

Os presentes resultados estavam de acordo com os de outros investigadores que relataram a relação entre a expressão de *TP53* e a duração da exposição ao componente do fumo do cigarro. Eles sugerem que o acúmulo de proteína p53 no núcleo como um marcador de genotoxicidade da fumaça do cigarro como Alvarez *et al.* (2013) que realizaram sua pesquisa usando a técnica de imunohistoquímica para investigar a imunoexpressão de *TP53* em carcinoma de células escamosas oral e lesões displásicas orais em pacientes com o hábito de fumo reverso.

Estudos anteriores investigaram que vários tipos de carcinogéneos produzidos por um ou mais ingredientes do fumo dos cigarros podem ser responsáveis por diferentes mutações do gene *TP53* e pela sobreexpressão *do TP53*; assim, podem desempenhar um papel na carcinogénese, incluindo o desenvolvimento do cancro, como no estudo de Taghavi *et al.* (2010), que utilizou a coloração imuno-histoquímica como método de análise da expressão da proteína p53 quando estudou a associação da expressão de *TP53* e *p21* com o consumo de cigarros e o prognóstico em doentes com carcinoma de células escamosas do esófago.

O estudo de Siganaki *et al.* (2010) foi apoiado pelo trabalho recente, quando avaliaram a expressão de *TP53* por imunohistoquímica em secções de tecido pulmonar fixadas em formalina e incluídas em parafina de doentes com Doença Pulmonar Obstrutiva Crónica (DPOC) no estudo da desregulação dos mediadores da apoptose *TP53* no tecido pulmonar.

Os dados acumulados fornecem uma boa prova para determinar o efeito do consumo de cigarros na sobre-expressão dos genes, tal como Haque *et al.* (2004) que, num estudo de acompanhamento a longo prazo, estudaram a associação entre o polimorfismo do CYP2E1, o consumo de cigarros, a expressão do *TP53* e a sobrevivência no cancro do pulmão de células não pequenas.

Também Snyder e colegas em (2004) investigaram *a expressão de TP53* e a exposição ambiental ao fumo do tabaco no carcinoma oral de células escamosas felino, para além do trabalho de Chen e colegas (2011b) quando estudaram a acumulação nuclear da proteína p53 dependente da região cromossómica 1 (CRM1) em lesões pulmonares de um modelo de tumor pulmonar de ratinho transgénico binário.

De acordo com estudos anteriores e com os resultados do presente estudo, pode sugerir-se que o aumento da expressão do gene mutante *TP53* nos pulmões de ratinhos, induzido pela nicotina, levou à acumulação da proteína p53 nos núcleos, sendo possível que se estabeleçam mais tumores quando estes expressam excessivamente a proteína p53.

79

5. Conclusões:

As conclusões mais proeminentes do presente trabalho são:

1. O estudo demográfico revelou que a percentagem mais elevada (25,33%) de fumadores se situava no grupo etário (36-45), que os homens (60,67%) eram mais do que as mulheres (39,33%) e que a maior percentagem (89,33%) tinha consumido mais de um maço por dia

2. O estudo molecular revelou que existem muitas variações em diferentes localizações do *gene* TP53, tais como o polimorfismo G para C, que foi demonstrado no exão 5 com uma percentagem (47,3%) entre os fumadores, e o exão 6 do gene *TP53* tinha uma deleção em alta frequência (19,3%) entre os fumadores, no entanto, não foram demonstradas variações genéticas nos exões 7 e 8.

3. O estudo serológico revelou uma elevação dos níveis séricos de CD8 e TNF-α, que foram significativamente mais elevados (P≤0,01) nos fumadores do que nos não fumadores, e com uma relação positiva com a idade, o número de maços e a duração do tabagismo.

4. O estudo dos factores oxidantes confirmou que os níveis plasmáticos de MDA eram significativamente mais elevados (P≤0,01) e os de GSH eram significativamente mais baixos (P≤0,01) nos fumadores do que nos não fumadores.

5. Os resultados do estudo *in vitro* (linhas celulares) mostraram que:

A-O ensaio MTT sugeriu que a nicotina em todas as concentrações inibiu a viabilidade das linhas celulares H460 (*TP53+/+*), bem como induziu a proliferação em H441 (*TP53-/-*).

8- O método de coloração com AnnexinV-FITC sugeriu que o tratamento com nicotina durante 24 e 48 horas induziu a apoptose nas linhas celulares H460, mas não nas H441, em comparação com as células não tratadas (controlo).

6. Os resultados do estudo *in vivo* (animais experimentais) esclareceram que:

A. Os ensaios histopatológicos estimaram que a injeção de nicotina nos ratos causou efeitos clínicos e patológicos nos tecidos pulmonares dos ratos, classificados em termos de gravidade em função do período de exposição à nicotina.

A análise imuno-histoquímica B previu que a injeção de nicotina nos ratinhos provocou uma coloração de intensidade gradual, começando pela coloração negativa no grupo de controlo, passando por uma coloração fraca, moderada e forte, dependendo dos intervalos de injeção, e que houve um aumento da expressão do gene *TP53* mutante nos pulmões dos ratinhos, o que resultou na acumulação da proteína p53 nos núcleos das células pulmonares.

6. Recomendações:

A influência do fumo do tabaco na saúde humana continua a ser um problema importante em todo o mundo e é considerada a maior causa de morte evitável no mundo devido ao seu conteúdo de substâncias químicas tóxicas e cancerígenas que são prejudiciais tanto para os fumadores como para os não fumadores que estão perto dos cigarros e respiram o fumo, pelo que recomendamos o seguinte:

1. Devem ser realizados estudos moleculares para detetar mais genes e outras mutações genéticas relacionadas com o tabagismo e investigar o risco dos fumadores.

2. Criar uma biblioteca genómica para armazenar e utilizar dados *TP53* baseados no ADN e permitir aos cientistas determinar o papel do *TP53* nas doenças que podem ser causadas pelo tabagismo.

3. Os processos inflamatórios complexos e as alterações no sistema imunitário são cruciais na patogénese das doenças relacionadas com o tabagismo, pelo que é necessário um estudo imunológico para identificar o efeito do tabagismo em alguns marcadores de imunidade humoral e celular.

4. Pensa-se que o cancro do pulmão é responsável por quase um terço de todos os cancros a nível mundial, pelo que a relação entre o consumo de cigarros e este tipo de cancro deve ser estudada, para além de algumas doenças respiratórias como a bronquite crónica, o enfisema e a pneumonia estarem associadas a um maior risco de desenvolver cancro do pulmão.

5. Implementar métodos de sistema de saúde cruciais que se concentrem na melhoria dos hábitos comportamentais para ajudar os fumadores a deixarem de fumar com êxito, a fim de pouparem a sua saúde e o seu dinheiro.

6. Incentivar as escolas e os estabelecimentos de ensino superior a iniciar programas apoiados pelo Ministério da Saúde para investigar as causas que levam à generalização do hábito de fumar entre os jovens.

A

Abd, F.; Aldahab, A.; Al sultani ,D.; Al Tai, W. e Mohammed, O. (2010). Títulos de anticorpos específicos para extractos de componentes de cigarros em fumadores e não fumadores. *Jornal da Universidade da Babilónia*; 18 (4) 1419-1424.

Abdel-Aziz, H. (2010) Avaliação morfológica do efeito protetor da curcumina nas alterações histológicas do córtex suprarrenal induzidas pela nicotina em ratos *Egyptian Journal of Histology ; 33(3):* 552 - 559.

Abdul-Rasheed, O.e Al-Rubayee, W. (2013). Efeitos do tabagismo na peroxidação lipídica e no estado antioxidante em homens iraquianos na cidade de Bagdade. *Revista Internacional de Ciências Básicas e Aplicadas*; 2 (1): 47-50.

Abdul-Razaq,S. e Ahmed, B. (2013). Efeito do tabagismo no teste de função hepática e alguns outros parâmetros relacionados; *Zanco Journal of Medical Sciences*; 17 (3): 556-562.

Abida, K.; William, A.; Nohelia, C.; Shilpi, K.; Andrew, W.; Ginzel, B.; Dennie, V.; Joseph, B. e Jingwu, X. (2004). CYP2E1 Polymorphism, Cigarette Smoking, p53 Expression, and Survival in Non-small Cell Lung Cancer A Long Term Follow-up Study. *Journal of Applied Immunohistochemistry and Molecular Morphology*;12(3)15-322.

Ahmed, A.; Etemadmoghadam, D.; Temple, J.; Lynch, A.;Riad, M, Sharma, R.; Stewart, C.;

Fereday, S.; Caldas, C.; Defazio, A.; Bowtell, D. e Brenton, J. (2010).Driver mutations in *TP53* are ubiquitous in high grade serous carcinoma of the ovary. *Journal of Pathology*; 221(1):49-56.

Almog, N.; Goldfinger, N. e Rotter, V. (2000) A apoptose *dependente de p53* é regulada por uma forma de splicing alternativo C-terminal de *p53* murino. *Journal of Oncogene*; 19 (30) : 3395-3403.

AlMuhammadi, Q.(2016). Estudo fisiológico do efeito de fumar cigarro e narguilé no nível de antioxidante não enzimático no soro sanguíneo. Revista Internacional de Ciências: Pesquisa Básica e Aplicada; 75(3): 82-89.

Alvarez, M.; Jimenez-Gomez, R. e Ardila, M. (2013). Imunoexpressão de p53 em carcinoma de células escamosas oral e lesões displásicas orais em pacientes com o hábito de fumo reverso. *International Journal of Odontostomatology*;7(2):185-191.

American Joint Committee on Cancer (2010). Pulmão. Comité Misto Americano do Cancro. Manual de estadiamento. 7ª ed. Nova Iorque: Springer:253-266.

Sociedade Americana do Cancro (2013). Factos e números sobre o cancro para afro-americanos. Atlanta, Geórgia.

Sociedade Americana do Cancro (2016). Prevenção do cancro e deteção precoce. Factos e números 2015- 2016. Atlanta, Geórgia: Sociedade Americana do Cancro.

Anderson, M. (1996). Glutathione in Free Radicals, A Practical Approach, ed. N. A. Punchard e F. J. Kelly Oxford University Press, York: 213. N. A. Punchard e F. J. Kelly Oxford University Press, Nova Iorque: 213.

Arcaro, A.; Gregoire, C. e Bakker, T. (2001). O CD8β dota o CD8 de uma função de coreceptor eficiente, acoplando o recetor de células T/CD3 a complexos CD8/p56(lck) associados a jangadas. *Journal of Experimental Medicine*;194(5):1485-1495.

Argentin, G. e Cicchetti, R. 2004 Efeito genotóxico e antiapoptótico da nicotina nos fibroblastos gengivais humanos *Toxicological Sciences Journal* 79(1) 75- 81.

Arnson, Y.; Shoenfeld, Y. e Amital, H.(2010). Effects of tobacco smoke on immunity, inflammation and autoimmunity (Efeitos do fumo do tabaco na imunidade, inflamação e autoimunidade). *Journal of Autoimmunity*; 34(1): 258-265.

Arora, A.; Willhite, C. e Liebler, D. (2001). Interacções de β-caroteno e fumo de cigarro em células epiteliais brônquicas humanas. *Journal of Carcinogenesis; 22(8) : 1173-1178.*

Arvind, R. e Suchetha, K. (2013). Níveis alterados de ceruloplasmina, glutationa, beta-caroteno no soro de fumantes crônicos de cigarros em comparação com não fumantes. *Jornal de Pesquisa de Ciências Farmacêuticas, Biológicas e Químicas;* 4(3): 15-21.

Aukrust, P. (1994) Serum levels of tumor necrosis fator-α (TNF-α) and soluble TNF receptors in human immunodeficiency virus type 1 infection-correlations to clinical immunologic, and virologic parameters. *Journal of Infectious* Diseases;169(4):420-424.

B

Baas, I.; Mulder, J.; Oiferhaus, G.; Vogelstein, B. e Hamilton, S. (1994) An evaluation of six antibodies for immunohistochemistry of mutant p53 gene product in archival colorectal neoplasms. *Journal* of *Pathology*. 172(1):5-12.

Ballatori, N.; Krance, S.; Marchan, R. e Hammond, C.(2009a): Transportadores de glutationa da membrana plasmática e seus papéis na fisiologia e fisiopatologia celular. *Journal* of *Molecular Aspects of Medicine*;30(1):13-28.

Ballatori, N.; Krance, S.; Notenboom, S.; Shi, S.; Tieu, K. e Hammond, C.L (2009b). Glutathione dysregulation and the etiology and progression of human diseases. *Jornal* de *Química Biológica*; 390(1):191-214.

Balls, E. (1962). Early Uses of California Plants. University of California Press: 81-85.

Bamonti, F.; Novembrino, C.; Ippolito, S.; Soresi, E.; Ciani, A.; Lonati, S.; Scurati-Manzoni, E. e Cighetti, G. (2006). As concentrações aumentadas de malondialdeído livre em fumadores normalizam com um concentrado de sumo misto de fruta e vegetais: um estudo piloto. *Journal of Clinical Chemistry and Laboratory Medicine* ;44(4):391-5.

Bauer, C.; Dewitte-Orr, S.; Hornby, K.; Zavitz, C.; Lichty, B.; Stampfli, M. e Mossman, K. (2008). Cigarette smoke suppresses type I interferon-mediated antiviral immunity in lung fibroblast and epithelial cells. *Journal of Interferon and Cytokine Research*, 28(3):167-79.

Belsky, D. (2013). Risco poligénico e a progressão do desenvolvimento para o tabagismo pesado e persistente e a dependência da nicotina. Evidências de um estudo longitudinal de 4 décadas. *Journal of American Medical Association Psychiatry*; 70(5): 534-542

Benedict, C. (2011) *Golden-Silk Smoke: A History of Tobacco in China,* 1550-2010. University of California Press; 1 edição: 352

Benowitz, N.; Hukkanen, J. e Jacob, P.(2009) III. Química, metabolismo, cinética e biomarcadores da nicotina. *Handbook of Experimental Pharmacology Journal 92(5):29-60.*

Bentley, A., Emrani, P. e Cassano, P. (2008): Variação genética e expressão genética em enzimas relacionadas com antioxidantes e risco de DPOC: uma revisão sistemática. *Thorax Journal*, 63 (11): 956-961.

Berenson, C.; Garlipp, M.; Grove, L.; Maloney, J. e Sethi, S. (2006). Fagocitose deficiente de Haemophilus influenzae não tipável por macrófagos alveolares humanos na doença pulmonar obstrutiva crónica. *Journal of Infectious Diseases* ;194(10):1375-84.

Berridge, M.; Herst, P. e Tan, A. (2005). Tetrazolium dyes as tools in cell biology: new insights into their cellular reduction. *Biotechnology Annual Review*, 11(1): 127-152.

Biaoru, L.; George, L.; Hongliang, H.; Jianqing, D.; Jie, Z. e Alex, T. (2015**).** Análise de biomarcadores para respostas imunes heterogêneas de células CD8 + quiescentes - uma pista para personalizada. *Immunotherapy Biomarkers Journal*; 1 (1):8-16.

Bíżoń, A. e Milnerowicz, H. (2012) Efeito do tabagismo na concentração de glutatião no sangue. *Przeglai d lekarski Journal* ;69(10):809-11.

Blandino, G.; Deppert, W.; Hainaut, P.; Levine, A.; Lozano, G.; Olivier, M.; Rotter, V.; Wiman, K. e Oren, M.(2012). Proteína p53 mutante, regulador mestre de malignidades humanas: um relatório sobre o Quinto Workshop de p53 mutante. *Cell death* and *differentiation Journal*;19(1):180-3.

Bohanes, T.; Szkorupa, M.; Klein, J.; Neoral, C.; Zapletalovà, J. e Chudàcek, J.(2013). Identificação videotoracoscópica de hamartoma condromatoso do pulmão. *Wideochir Inne Tech Maloinwazyjne.* ;8(1):152-7.

Boldison, J.; Chu, C.; Copland, D.; Lait, P.; Khera, T.; Dick, A. (2014) . As células T CD8 + de memória efetora exausta residentes no tecido se acumulam na retina durante a uveoretinite autoimune experimental crônica. *Journal of Immunology*;192(1): 4541-4550.

Bostrom, L.; Linder, L. e Bergstrom, J. (1999). Tabagismo e níveis de fluido crevicular de IL-6 e TNF-α na doença periodontal. *Journal of Clinical Periodontology* .;26(3):352-357.

Botelho, F.; Gaschler, G.; Kianpour, S.; Zavitz, C.; Trimble, N.; Nikota ,J.; Bauer, C. e Stampili, M. (2010). Os processos imunitários inatos são suficientes para conduzir a inflamação induzida pelo fumo do cigarro em ratos. *American journal of respiratory cell and molecular biology* ; 42(4):394- 403.

Bouvet, J.; Decroix, N. e Pamonsinlapatham, P. (2002). Estimulação da produção local de anticorpos: vacinação parentérica ou mucosa. *journal of Trends in Immunology*. 23(1):209-213.

Bradley, J. (2008). Doença inflamatória mediada por TNF. *Journal of Pathology. ;2(11):149-60.*

Brandt, A. (2007). The Cigarette Century: The Rise, Fall, and Deadly Persistence of the Product That Defined America [O Século do Cigarro: Ascensão, Queda e Persistência Mortal do Produto que Definiu a América]. Basic Books: Nova Iorque:600.

Breen, T. (1985). Fonte sobre a cultura do tabaco na Virgínia do século XVIII. Tobacco Culture. Princeton University Press: 46-55.

Burns, E. (2007). The Smoke of the Gods: A Social History of Tobacco (O fumo dos deuses: uma história social do tabaco). Philadelphia: Temple University Press,. University Press: 134-135.

Burstyn, B.(2014). Espreitando através da névoa: revisão sistemática do que a química dos contaminantes nos cigarros electrónicos nos diz sobre os riscos para a saúde. *Jornal de Saúde Pública Central de Biomedicina*, 14(18):1- 14.

C

Cajas-Salazar, N.; Au, W. e Zwischenberger, J. (2003). Etfect of epoxide cancer. hydrolase polymorphisms on chromosome aberrations and risk for lung. *Cancer Genetics and Cytogenetics Journal* ;145(2):97-102.

Campbell, S.; Henry, L.; Hammelman, J. e Pignatore, M. (2014). Personalidade e comportamento de fumar de não fumadores, fumadores anteriores e fumadores habituais. *Journal of Addiction Research and Therapy* 3(5):191-103.

Cardinale, A.; Nastrucci, C.; Cesario, A. e Russo, P. (2012) . Nicotina: papel específico na angio-génese, proliferação e apoptose. *Critical Reviews in Toxicology Journal.* 42(4):68-89.

Carmella, S.; Han, S.; Villalta, P. e Hecht, S. (2005). Análise do total de 4-(metilnitrosamino)-1-(3-piridil)-1-butanol no sangue de fumadores. *Revista de Epidemiologia, Biomarcadores e Prevenção do Cancro* ;14(11):2669-72.

Carswell, E.; Old, L.; Kassel, R.; Green, S.; Fiore, N. e Williamson, B. (1975) Um fator sérico induzido por endotoxina que provoca a necrose de tumores. *Journal of Immunology*; 72(9): 3666-3670.

Chang, F.; Syrjanen, S. ; Tervahauta, A. e Syrjanen, K. (1993) . Tumourigenesis associated with the p53 tumor suppressor gene. *British Journal of Cancer*, 68(4):653-61.

Chapman, K.; Adjei, A.; Baldrick, P.; da Silva, A.; De Smet, K.; DiCicco, R.; Hong, S.; Jones, D.; Leach, M. ; McBlane, J.; Ragan, I.; Reddy, P.; Stewart, D.; Suitters, A. e Sims, J.

(2016). Dispensa de estudos in vivo para o desenvolvimento de biossimilares de anticorpos monoclonais. Desafios nacionais e globais. *MAbs Journal.* ;8(3):427-35.

Charles, J.; Aaron, C.; Meredith, A.; Evan, C.; Yelenna, S. e Sam, M. (2015). U0126, um inibidor de MEK1 / 2, aumenta a apoptose induzida pelo fator de necrose tumoral, mas não a apoptose induzida por interleucina-6 em condrócitos humanos C-28 / I2. *Journal of Autoimmune Disorders* ; 1 (1):4-10.

Chen, G.; Zhou, M.; Chen, L.; Meng, Z.; Xiong, X. e Liu, H. (2016) O fumo do cigarro perturba a sobrevivência de CD8[+] Tc/Tregs parcialmente através de mecanismos dependentes de receptores muscarínicos na doença pulmonar obstrutiva crónica. *PLoS ONE Journal.* 11(1):22-30.

Chen, L.; Moore, J.; Samathanam, C.; Shao, C.; Cobos, E.; Miller, M e Gao, W. (2011b). Acumulação nuclear de p53 dependente de CRM1 em lesões pulmonares de um modelo de tumor pulmonar de rato bitransgénico. *oncology reports* Journal ;26(4): 223-228.

Chen, R.; Chang, L.; Lin, P. e Wang, Y. (2011a) Efeitos epigenéticos e mecanismos moleculares da tumorigénese induzida pelo fumo do cigarro: uma visão geral. *Jornal de Oncologia*; 65(4)1-14.

Chen, R.; Ho, Y.; Guo, H. e Wang, Y. (2008): A ativação rápida de Stat3 e ERK1/2 pela nicotina modula a proliferação celular em células humanas de cancro da bexiga. *Toxicological Sciences Journal* , 104(1):283-293.

Chen, L. e Cui, H. (2015). O objetivo da glutamina induz a apoptose: Uma abordagem de terapia do câncer *Jornal Internacional de Ciências Moleculares.* 16(4), 22830-22855.

Cheng, Y.; Li, H.; Wang, H.; Sun, H.; Liu, Y. e Peng, S. (2003). Inibição da formação de adutos de DNA de nicotina em ratos por seis constituintes da dieta. *Food* and *Chemical Toxicology Journal.*41(1):1045-50.

Chu, Y.; Liu, C.; Wu, Y.; Hsieh, M.; Chen, T. e Chao, Y. (2013). Comparação das alterações hemodinâmicas e inflamatórias entre a cirurgia toracoscópica transoral e transtorácica. *PLoS One Journal.* ;8:(5) 33-38.

Cole, D.; Dunn, S.; Sami, M.; Boulter, J.; Jakobsen, B. e Sewell, A. (2008). O envolvimento do recetor de células T da classe I do complexo de histocompatibilidade principal de peptídeos não modifica a ligação de CD8. *Molecular Immunology Journal*; 45(1):2700-7.

Colgan, Y . ;Turnbull, D. ; Mikocka-Walus, A. e Delfabbro, P., (2010). Determinantes da resiliência ao consumo de cigarros entre jovens australianos em risco: um estudo exploratório. *Tobacco Induced Diseases Journal;* 8(8)7-15.

Collins, R. (1993). Women's issues in alcohol use and cigarette smoking. In: Baer J, Marlatt G, McMahon R, editores. Addictive behaviors across the life span: Prevention, treatment, and policy issues. Thousand Oaks, Califórnia: Sage: 274-306.

Coons, A.; Creech, H. e Jones, R. (1941): Propriedades imunológicas de um anticorpo contendo um grupo fluorescente. *Actas do Jornal da Sociedade de Biologia Experimental e Medicina*; 47(4): 200-202.

Cooper, J. e William J. (2000). Liberty and Slavery - Southern Politics to 1860 [Liberdade e Escravatura - Política do Sul até 1860]. Nova Iorque: McGraw Hill, Inc, 1983, reimpresso em Columbia: University of South Carolina Press: 9.

Cosner, C. (2015). *A folha de ouro: como o tabaco moldou Cuba e o mundo* *atlântico*.Vanderbilt University Press.

Cuello, A. (1993). (Ed.), Immunohistochemistry II, John Wiley and Sons Press , Nova Iorque

D

D'Angelo, E.; Crutchfield, J. e Vandivierea, M. (2001). Determinação rápida, sensível e em microescala de fosfato na água e no solo. *Journal of Environmental Quality*; 30(6): 2206-2209.

Dasgupta, P.; Kinkade, R.; Joshi, B.; Decook, C.; Haura, E. e Chellappan, S.: (2006). A nicotina inibe a apoptose induzida por drogas quimioterápicas através da regulação positiva de XIAP e Survivin.

Proceedings of the National Academy of Sciences Journal ; 103(2):6332-6337.

Dasgupta, P.; Rizwani, W.; Pillai, S.; Kinkade, R.; Kovacs, M. e Rastogi, S. (2009). A nicotina induz a proliferação celular, a invasão e a transição epitelial-mesenquimal numa variedade de linhas celulares de cancro humano. *International Journal of Cancer* ;124(7):36-45

Dastjerdi, M. ; Mehdiabady, E. ; Iranpour, F. e Bahramian, H. (2016). Efeito da timoquinona na expressão do gene P53 e consequente apoptose na linha celular do cancro da mama. *Revista internacional de medicina preventiva*; 7 (1): 66-71.

de Boer, W.; Sont, J.; van Schadewijk, A.; Stolk, J.; van Krieken, J.; e Hiemstra, P. (2000). Monocyte chemoattractant protein 1, interleukin 8 and chronic airways inflammation in COPD. *The Journal of Pathology* ;190(1): 619-626.

de la Roche, M.; Asano, Y. e Griffiths, G.(2016) Origins of the cytolytic synapse . *Revista Nature Reviews Immunology* ; 16(1) 421-432.

Dela Cruz, C.; Kang, M. e Cho WK, L. (2011b) Modelação transgénica da polarização de citocinas no pulmão. *Journal of Immunology*;132(1):9- 17.

Dela Cruz, C.; Tanoue, L. e Matthay, R. (2011a).Lung cancer: epidemiology, etiology, and prevention. *Jornal Clínicas em Medicina Torácica* ;32(4):605-44

Deleault, K.; Skinner, S. e Brooks, S. (2008). A tristetraprolina regula a estabilidade do mRNA do TNF TNF-alfa através de um mecanismo dependente do proteassoma que envolve a ação combinada das vias ERK e p38. *Molecular Immunology Journal*;1(5):13-24.

Denizot, F. e Lang, R. (1986). Ensaio colorimétrico rápido para o crescimento e sobrevivência celular. Modificações do procedimento do corante de tetrazólio para melhorar a sensibilidade e a fiabilidade. *The Journal of Immunological Methods*; 22; (2):271-7.

Desjardins, P. e Conklin, D.(2010). Quantificação de microvolume de ácidos nucleicos por NanoDrop. *O Jornal de Experiências Visualizadas*; 22 (45):1-5.

Detterbeck, F.; Decker, R.; Tanoue, L. e Lilenbaum, R. (2015). Capítulo 41: Cancro do pulmão de células não pequenas. Em: DeVita VT, Lawrence TS, Rosenberg SA, eds. DeVita, Hellman e Rosenberg's Cancer: Principles and Practice of Oncology . 10ª edição. Philadelphia, Pa: Lippincott Williams and Wilkins.

Diken, H.; Mustafa, K.; Cemil, T.; Basra, D.; Yüksel, B. e Abdurrahman, F. (2001). Effects of cigarette smoking on blood antioxidant status in short-term andlong-term smokers. *Journal of Medical Science* ; 31(5): 553-557.

Dodmane, P.; Arnold, L.; Pennington, K. e Cohen, S. (2014) A nicotina administrada por via oral induz hiperplasia urotelial em ratos e ratinhos. *Toxicology Journal;* 315(3):49-54.

Douben, P. (2003). PAHs: An Ecotoxicological Perspective. Hoboken (NJ): John Wiley and Sons.

Duniho, S. ; Martin, J.; Forster, J. ; Cascio, M. ; Moran, T. ;Carpin, L. , Sciuto, A. (2002). Alterações agudas na histopatologia pulmonar e nos parâmetros do lavado broncoalveolar em ratos expostos ao agente asfixiante gás fosgénio. *Journal of Toxicologic Pathology* ;30(3):339- 349.

E

Eddleston, J.; Lee, R.; Doerner, A.; Herschbach, J. e Zuraw, B. (2011) O fumo do cigarro diminui as respostas inatas das células epiteliais à infeção por rinovírus. *American Journal of Respiratory Cell and Molecular Biology* ;44(1):118-26.

Egleton, R.; Brown, K. e Dasgupta, P.(2009). Angiogenic activity of nicotinic acetylcholine receptors: Implicações nas doenças vasculares relacionadas com o tabaco. *Pharmacology and Therapeutics Journal* ; 121(6):205-223.

Eisner, M.; Anthonisen, N.; Coultas, D.; Kuenzli, N.; Perez-Padilla, R.; Postma, D.; Romieu, I.; Silverman, E. e Balmes, J. (2010): Uma declaração oficial de política pública da American Thoracic Society: Novel risk factors and the global burden of chronic obstructive pulmonary disease (Novos factores de risco e o peso global da doença pulmonar obstrutiva crónica). *American Journal of Respiratory and Critical Care Medicine* ; 182 (5): 693-718.

F

Farhang, A.; Aula, A.; Fikry, A. e Qadir, R. (2013) Efeitos do consumo de cigarros em alguns parâmetros imunológicos e hematológicos em fumadores do sexo masculino na cidade de Erbil. *Jordan Journal of Biological Sciences*; 6 (2): 159 -166.

Ferreiro, S. ; Vilarino, N.; Carrera, C. ; Louzao, M. ; Cantalapiedra, A. ; Santamarina, G. ; Cifuentes ,J. ; Vieira , A. e Botana, L. (2016). Cardiotoxicidade subaguda da Yessotoxina: estudos *in vitro* e *in vivo*. *Chemical Research in Toxicology Journal ; 29 (6):981-990.*

Finkelstein, R.; Fraser, R.; Ghezzo, H. e Cosio, M. (1995). Inflamação alveolar e sua relação com enfisema em fumadores. *American Journal of Respiratory and Critical Care Medicine* ;152(9):1666- 72.

Fowles, J. e Dybing, E. (2003). Application of toxicological risk assessment principles to the chemical constituents of cigarette smoke. *Tobacco Control Journal* ;12(4):424-30.

Freshney, R. (1994). Culture of Animal Cells. A Manual of Basic Technique, (3ª edição); Wiley Liss, Nova Iorque, páginas 153-157.

G

Gaiddon, C. (2001). Um subconjunto de formas mutantes de p53 derivadas de tumores regula negativamente p63 e p73 através de uma interação direta com o domínio central de p53. *Molecular and Cellular Biology Journal* ;21(5):1874-87.

Galitovskiy, V.; Chernyavsky, A.; Edwards, R. e Grando, S. (2012) . Sarcomas musculares e alopécia em ratinhos A/J tratados cronicamente com nicotina. *Life Sciences Journal* ; 91(21):1109-1112.

Garibyan, L. e Avashia, N. (2013). Reação em cadeia da polimerase. *Journal of Investigative*

Dermatology ;133, (3): 1-4

Gately, A. e Iain, B. (2004). O Tabaco: A Cultural History of How an Exotic Plant Seduced Civilization (Uma História Cultural de Como uma Planta Exótica Seduziu a Civilização). Diane. Grove Press, pp. 3-7.

Gebicki, J.; Nauser, T.; Domazou, A.; Steinmann, D.;Bounds, P. e Koppenol, W. (2010). Redução de radicais de proteínas por GSH e ascorbato: potencial significado biológico. *Amino Acids Journal* ; 39 (5): 1131-1137.

Gibbons, D.; Byers, L. e Kurie, J. (2014), Tabagismo, mutação do p53 e cancro do pulmão. *Journal of Molecular Cancer Research* ; 12(1): 3-13.

Giera, M.; Lingeman, H. e Niessen, W. (2012) Recent Advancements in the LC- and GC-based analysis of malondialdehyde (MDA): Um breve resumo. *Chromatographia Journal* ;75(2):433-40.

Gilman, S. e Xun, Z. (2004). "Smoke: A Global History of Smoking". Reaktion Books.

Ginzkey, C.; Friehs, G.; Koehler, C.; Hackenberg, S.; Hagen, R. e Kleinsasser, N.(2013). Avaliação de danos no ADN induzidos pela nicotina numa bateria de testes genotoxicológicos. *Journal of Mutation Research* ;751(34) 9-14.

Ginzkey, C.; Stueber, T.; Friehs, G.; Koehler, C.; Hackenberg, S. e Richter, E. (2012) Análise dos danos no ADN induzidos pela nicotina em células do trato respiratório humano. *Revista Toxicology Letters;* 208(23): 917.

Gold, J. e Dematteo, R. (2006). "Terapia combinada cirúrgica e molecular: O Modelo de Tumor Estromal Gastrointestinal. *Annals of Surgery Journal;* 244 (2): 176-84.

Gonzalez Herrera, K.; Lee, J. e Haigis, M. (2015). Intersecções entre a sinalização da sirtuína mitocondrial e o metabolismo das células tumorais. *Revisões Críticas em Bioquímica e Biologia Molecular Journal*;50(3): 242-255.

Goodman, J. (1993) *Tobacco in History:The Cultures of Dependence* London and New York, A scholarly history worldwide. Routledge. :280.

Gottsegen, J. (1940). Tobacco: A Study of Its Consumption in the United States. Pitman Publishing Company: 107.

Gould, N. e Day, B. (2010).Targeting maladaptive glutathione responses in lung disease. *Biochemical Pharmacology Journal*; 81 (2): 187-193.

Gould, N.; Min, E.; Gauthier, S.; Chu, H.; Martin, R. e Day, B. (2010). O envelhecimento afecta negativamente a resposta adaptativa da glutationa induzida pelo fumo do cigarro no pulmão. *The American Journal of Respiratory and Critical Care Medicine*; 182(9): 1114-22.

Greenblatt, M.; Bennett, W.; Hollstein, M. e Harris, C. (1994). Mutações no gene supressor de tumores p53: pistas para a etiologia do cancro e a patogénese molecular. *Cancer Research Journal* ; 54(18): **48554878.**

Grehan, J.(2006) . Smoking and "Early Modern" Sociability: The Great Tobacco Debate in the Ottoman Middle East (Seventeenth to Eighteenth Centuries). *The American Historical Review Journal* ; 11(5):1352-1377.

Gross, M.; Demo, S.; Dennison, J.; Chen, L.;Chernov-Rogan, T.; Goyal, B.; Janes, J.; Laidig, G.; Lewis, E. e Li, J. (2014). Atividade antitumoral do inibidor de glutaminase CB-839 no câncer de mama triplo-negativo. *Revista Molecular Cancer Therapeutics*; 13(4): 890-901.

Guo, H. e Sa, Z. (2015) Diferenciais socioeconómicos na duração do tabagismo entre os fumadores adultos do sexo masculino na China: Result from the 2006 China Health and Nutrition Survey *PLoS One Journal* ; 10(1): 117123.

Guizzardi, F.; Rodighiero, S.; Binelli, A.; Saino, S.; Bononi, E.; Dossena, S.; Garavaglia, M.; Bazzini, C.; Bottà, G.; Conese, M.; Daffonchio, L.;

Novellini, R.; Paulmichl, M. e Meyer, G.(2006). Estimulação dependente de S-CMC-Lys da secreção electrogénica de glutatião pelo epitélio respiratório humano. *Jornal de Medicina Molecular*;84:97-107.

H

Haas, R., de Jong, D. e Valdés Olmos, R. (2004). "Imagiologia *in vivo* da apoptose induzida por radiação em doentes com linfoma folicular. *International Journal of Radiation Oncology Biology Physics*; 59 (3): 782-7.

Hall, P. e. Lane, D. (1994). p53 Na patologia dos tumores: Can we trust immunohistochemistry?-revisited!. *The Journal of Pathology* ;172(1) : 1-4.

Halvorsen , A. ; Pandit , L. ; Meza-Zepeda, L.; Vodak, D. ;Vu, P. ; Sagerup, C.; Hovig, E.; Myklebost, O. ;B0rresen-Dale, A.; Brustugun,O. e Helland ,A.(2016). Espectro de mutação *TP53* em fumadores e pacientes com cancro do pulmão que nunca fumaram. *Revista Fronteiras em Genética*; 7(85): 1-10.

Haque A.; Au W.; Cajas Salazar, N.; Khan, S.; Ginzel, A.; Jones, D.; Zwischenberger, J. e Xie J. (2004). CYP2E1 Polymorphism, Cigarette Smoking, p53 Expression, and Survival in Non-small Cell Lung Cancer A Long Term Follow-up Study. *Applied Immunohistochemistry and Molecular Morphology Journal*;12 (4):315-322.

Harris, C. (1995) Deichmann Lecture - p53 tumor suppressor gene: at the crossroads of molecular carcinogenesis, molecular epidemiology and cancer risk assessment. *Toxicology Letters Journal*; 82(83):1-7.

Harris, C. (1996). Stricture and function of the p53 tumor suppressor gene: Pistas para estratégias terapêuticas racionais contra o cancro. *O Jornal do Instituto Nacional do Cancro*: 88 (3): 1442-1449.

Harvey, M.; McArthur, M. e Montgomery, C. (1993). Espontânea e carcinogénica induzida por tmorigénese em ratinhos p53-dencientes. *Nature Genetics Journal* ;5(3): 225-229,

Haynes, K.; Beukelman, T. e Curtis, J. (2013). Colaboração SABER. Terapia com inibidores do fator de necrose tumoral α e risco de cancro em doenças crónicas imunomediadas. *Arthritis and Rheumatology Journal* ; 65(5): 48-58.

Heckewelder, J.; Gottlieb, E.; Reichel, W. e Cornelius, C. (1971). History, manners, and customs of the Indian nations who once inhabited Pennsylvania and the neighbouring states. Sociedade Histórica da Pensilvânia: 149.

Heeschen, C.;Jang J.; Weis, M.; Pathak, A.; Kaji, S.; Hu, R.; Tsao, P.; Johnson, F. e Cooke, J.(2001): A nicotina estimula a angiogénese e promove o crescimento tumoral e a aterosclerose. *Nature Medicine Journal;* 7(1):833-839.

Heeschen, C.; Weis, M.; Aicher, A.; Dimmeler, S. e Cooke, J. (2002). nova via angiogénica mediada por receptores nicotínicos de acetilcolina não neuronais. *The Journal of Clinical Investigation* ;110(3):527-36.

Ho, E.; Karimi Galougahi, K.; Liu, C., Bhindi, R. e Figtree, G.(2013). Marcadores biológicos de stress oxidativo: Aplicações à investigação e prática cardiovascular. *Journal of Redox Biology.* ;1(2):483-91.

Hodge, S.; Hodge, G.; Ahern, J.; Jersmann, H.; Holmes, M. e Reynolds, P. (2007). Smoking alters alveolar macrophage recognition and phagocytic ability: implications in chronic obstructive pulmonary disease. *American Journal of Respiratory Cell and Molecular Biology* ;37(6):748-55.

Hofer, J.; Arbeiter, H.; Józsi, M.; Giner, T.; Dobiliene, D.; Masalskiene, J.; Surkus, J. e Rudaitis, S. (2016). Um caso de CFH-Ab Hus responsivo à plasmaférese e com remissão sustentada após o início da terapia imunossupressora, destacando as quedas comuns de uma doença complicada. *Jornal de Nefrologia Clínica e Experimental;* 1 (2):13;1-4

Hollstein, M.; Moriya, M.; Grollman, A. e Olivier, M.(2013).Analysis of *TP53* mutation spectra reveals the fingerprint of the potent environmental carcinogen, aristolochic acid. *Mutation Research Journal* ;753(1):41-49.

Hollstein, M.; Peri, L. e Mandard, A. (1991). Análise genética de tumores esofágicos humanos de duas áreas geográficas de alta incidência: substituições frequentes da base p53 e ausência de mutações ras. *Cancer Research Journal* ;51(15): 4102-6.

Hong, A.; Zhang, X.; Jones, D.; Veillard, A.; Zhang, M.; Martin, A.; Lyons, J.; Lee, C. e Rose, B. (2016). Relações entre mutação p53, status do HPV e resultado no carcinoma espinocelular orofaríngeo. *Journal of Radiotherapy and Oncology*;118(2):342-9.

Horn, L.; Eisenberg, R. e Gius, D. (2014). Cancro do pulmão: Cancro do pulmão de células não pequenas e cancro do pulmão de células pequenas. In: Niederhuber JE, Armitage JO, Doroshow JH, Kastan MB, Tepper JE, eds. Abeloff's Clinical Oncology. 5ª ed. Philadelphia, Pa: Elsevier:1143-1192.

Hosseinrad,H. ; Ashrafihelan ,J. ; RaziehJafari, J. ; Nofouzi ,K.;Firouzamandi, M. e Salar-Amoli, J. (2016) Estudo sobre a relação entre o adenocarcinoma pulmonar ovino e a mutação do gene supressor de tumor P53. *Revista Internacional de Biologia Aplicada e Tecnologia Farmacêutica;* 7(1): 19-25 .

Hue, N.; Chan, N.; Phong,P.; Linh, N. e Giang, N. (2012) Extração de ADN genómico humano de manchas de sangue secas e raízes de cabelo. *Revista Internacional de Biociências, Bioquímica e Bioinformática*; 2,(1):21-26.

Hukkanen, J.; Jacob, P. e Benowitz, N. (2005). Metabolismo e cinética de disposição da nicotina. *Pharmacological Reviews Journal* 57(8):79-115.

Hussain, S.; Amstad, P.; Raja, K.;Sawyer, M.; Hofseth, L.; Shields, P.; Hewer, A.; Phillips, D.; Ryberg, D.; Haugen, A. e Harris, C. (2001). Mutabilidade de códons de hotspot p53 para o epóxido de benzoapireno diol BPDE e a frequência de mutações p53 em pulmão humano não tumoroso. *Cancer Research Journal* ;61(3):6350-6355.

I

IARC (2004) Agência Internacional de Investigação sobre o Cancro. *Monografias sobre a avaliação dos riscos carcinogénicos para os seres humanos: Fumo de Tabaco e Fumo Involuntário.* Vol. 83. Lyon (França): 312.

IARC (2007). Agência Internacional de Investigação do Cancro. *Monografias sobre a Avaliação dos Riscos Carcinogénicos para os Seres Humanos: Smokeless Tobacco and Some*

Tobaccospecific N-Nitrosamines (Tabaco sem fumo e algumas N-Nitrosaminas específicas do tabaco). Vol. 89 Lyon (França): 641

IARC (2012) Agência Internacional de Investigação sobre o Cancro . *Revisão dos carcinogéneos humanos. Parte E: Hábitos pessoais e combustões em interiores. Monografia da IARC.* (Vol. 100). Lyon (França): 602.

Ibrahim, Q. (2010). Efeito do tabagismo no nível sérico de alguns minerais *Ibn AL-Haitham Journal for pure and application Sciences;* 1 (23): 11-17.

J

Jack, P.;Whisnant, J.; Homer, D.; Ingall, T. ; Baker, H. ; O'Fallon, W. e Wievers, D. (1990).Duration of Cigarette Smoking Is the Strongest Predictor of Severe Extracranial Carotid Artery Atherosclerosis. *Journal of the American Stroke Association* ; 21(5):707-14.

Jaggi, S. e Abhay S. (2015). Aumento dos níveis séricos de malondialdeído entre os fumadores de cigarros. *Journal of Pharma Innova.* 4(4): 94-96.

Janero, D. (1990) Malondialdehyde and thiobarbituric acid-reactivity as diagnostic indices of lipid peroxidation and peroxidative tissue injury. *Free Radical Biology and Medicine Journal* ; 9(2):515-540.

Jansson ,M.; Durant Stephen, T.; Cho, E., Edelmann, M.;Kessler, B. e La Thangue, N. (2008) Arginine methylation regulates the p53 response. *Nature Cell Biology Journal;* 10(12), 1431 - 1439.

Jareno, E.; Bosch-Morell, F.; Fernàndez-Delgado, R.; Donat, J. e Romero, F. (1998) Serum Malondialdehyde in HIV Seropositive Children. *Free Radical Biology and Medicine Journal* ; 24(2):503-506.

John, P. ; Karen, M.; Martha, M.; White, M.; David, W.; David, P.; Thomas,T. (2011). Prevalência de tabagismo pesado na Califórnia e nos Estados Unidos, 1965-2007. *The Journal of the American Medical Association* ;305(11): 1106-1112.

Jurado-Sânchez, B.; Ballesteros, E. e Gallego, M. (2012). Ocorrência de aminas aromáticas e N-nitrosaminas nas diferentes etapas de uma estação de tratamento de água potável. *Water Research Journal ;* 46(14):4543-55.

K

Kahnamoei, R.; Maleki, F. e Nasirzadeh, M. (2014). Os efeitos do tabagismo no plasma MDA e TAC em estudantes universitários. *Boletim de Meio Ambiente, Farmacologia e Revista de Ciências da Vida;* 4(10): 95-98.

Kalra, R.; Singh, S.; Savage, S.; Finch, G. e Sopori, M. (2000). Effects of cigarette smoke on immune response: chronic exposure to cigarette smoke impairs antigen-mediated signaling in T cells and depletes IP3- sensitive Ca2+ stores. *Journal of Pharmacology and Experimental Therapeutics* ; 293(1):166-171.

Kalvik, T. e Arnesen, T. (2013). "Proteína N-terminal acetiltransferases no câncer". *Jornal Oncogene*; 32 (3): 269-276

Kamerbeek, N.; van Zwieten, R.; de Boer, M. ;Morren, G.; Vuil,H.; Bannink,N.; Lincke, C. ; Dolman, K.; Becker, M.;Schirmer, R. ; Gromer, S. e Roos, D. (2007)Molecular basis of glutathione reductasedeficiencyin human blood cells Blood.

Jornal de Ciências Médicas; 109 (1) :3560-3566

Kania, N.; Setiawan, B. e Chandra Kusuma, H. (2011). Stress oxidativo em ratos causado por pó de carvão mais fumo de cigarro. *Revista Universa Medicina*; 30(1): 80-87

Kastan, M.; Zhan, Q.; el-Deiry, W.; Carrier, F.; Jacks, T.; Walsh, W.; Plunkett, B.; Vogelstein, B. e Fornace, A. (1992) A via de controlo do ciclo celular dos mamíferos que utiliza p53 e GADD45 é defeituosa na ataxia-telangiectasia. *Cell Journal;* 71(4):587-97.

Kelsen, S.; Duan, X.; Perez, O.; Liu, C. e Merali, S.(2008). O fumo do cigarro induz uma resposta proteica desdobrada no pulmão humano: uma abordagem proteómica. *American Journal of Respiratory Cell and Molecular Biology* ;38(5):541-50

Kemp, C.; Wheldon, T. e Balmain, A. (1994). Os ratinhos deficientes em p53 são extremamente susceptíveis à tumorigénese induzida por radiação. *Journal of Nature Genetics*;8(1):6649.

Kenis, H.; van Genderen, H. e Bennaghmouch, A. (2004). A fosfatidilserina expressa na superfície celular e a anexina A5 abrem um novo portal de entrada celular. *Journal of Biological Chemistry*; 279 (50): 52623-9.

Kietselaer, B.; Reutelingsperger, C. e Boersma, H. (2007). Deteção não invasiva da perda celular programada com a anexina A5 marcada com 99mTc na insuficiência cardíaca. *Journal of Nuclear Medicine* ; 48 (4): 562-7.

Kietselaer, B.; Reutelingsperger, C. e Heidendal, G. (2004). Deteção não invasiva da instabilidade da placa com o uso de anexina A5 radiomarcada em pacientes com aterosclerose da artéria carótida. *The New England Journal of Medicine*; 350 (14): 1472-3.

Kim, H.; Liu, X.; Kobayashi, T.; Conner, H.; Kohyama, T.;Wen, F.; Fang, Q. ; Abe, S.; Bitterman, P. e Rennard, S. (2004) . Reversible cigarette smoke extract-induced DNA damage in human lung fibroblasts. *American Journal of Respiratory Cell and Molecular Biology*; 31(5):483-90.

Kirsch, D. e Kastan, M. (1998). Tumor-suppressor p53: implications for tumor development and prognosis. *Journal of Clinical Oncology* ;16(9):3158-3168.

Ko, H.; Lee, H.; Lin, A.; Liu, M.; Liu, C.; Lee, T. e Kou, Y. (2015). Regulação da indução de fumaça de cigarro de IL-8 em macrófagos por sinalização de proteína quinase ativada por AMP. *Jornal de Fisiologia Celular* .;230(8):1781-93.

Koga, T.; Hashimoto, S. e Sugio, K. (2001). A distribuição heterogénea da imunoreactividade do p53 no adenocarcinoma do pulmão humano está correlacionada com a expressão da proteína MDM2 e não com a mutação do gene p53. *International Journal of Cancer* ;95(3):232-239.

Kooshyar, M.; Nassiri, M. ; Karimiani, E. ; Doosti, M. ; Nasiri, K. e Rodbari, Z. (2015). Análise cromossômica e mutações BRCA2 617delT / 88delTG e BRIP1 (c.2392C> T) da anemia de Fanconi na família iraniana e sua correlação com a suscetibilidade ao câncer de mama. *Jornal de Investigação Química e Farmacêutica*; 7(10):147-153

Koshino, A.; Goto-Koshino, Y.; Setoguchi, A.; Ohno, K. e Tsujimoto, H. (2016) Mutação *do* gene p53 e sua correlação com o resultado clínico em cães com linfoma. *Journal of Veterinary Internal Medicine* ; 30(1) : 223-229.

Kragstrup, T.;Vorup-Jensen,T.; Deleuran, B. e Hvid, M. (2013). Um conjunto simples de etapas de validação identifica e remove resultados falsos em um ensaio imunoenzimático sanduíche causado por anticorpos IgG anti-animal no plasma de pacientes com artrite ".

Springer Plus Journal; 2 (1) : 263-270).

Krishnan, A.; Trump, D.; Johnson, C. e Feldman, D. (2010). O papel da vitamina D na prevenção e tratamento do cancro. *Endocrinology and Metabolism   Clinicsof   North America Journal;*39(2): 401-418.

Kron, C. e Bode, B. (2015). O perfil de expressão do transportador de glutamina revela um papel importante para ASCT2 e LAT1 em células de carcinoma hepatocelular humano primário e metastático. *Jornal da Federação das Sociedades Americanas de Biologia Experimental, 29(1):3-12.*

Kulikoff, A. (1986). Tabaco e Escravos: The Development of Southern Cultures in the Chesapeake. University of North Carolina Press :8078-4224.

L

Lamichhane, S.; Bal, K.; Sarukkalige, K. e Ranjan, R. (2016). Remoção de hidrocarbonetos aromáticos policíclicos (PAHs) por sorção: *Chemosphere Journal* ; 36 (148) :336-353.

Lane, D. e Crawford, L. (1979) O antigénio T está ligado a uma proteína hospedeira em células transformadas em SY40. *Nature Journal* ;278(3), 261 - 263

Lavigueur, A.; Maltby, V. e Mock, D, (1989). Elevada incidência de tumores pulmonares, ósseos e linfóides em ratinhos transgénicos que sobreexpressam alieles mutantes do oncogene p53. *Molecular and Cellular Biology Journal* 1;(9):3982-89.

Le Calvez, F.; Mukeria, A.; Hunt, J. ; Kelm, O.; Hung, R. ; Tanière, P., Brennan, P.; Boffetta, P.; Zaridze, D. e Hainaut, P.(2005). *TP53* and KRAS mutation load and types in lung cancers in relation to tobacco smoke: distinct patterns in never, former, and current smokers. *Journal of Cancer Research;* 65(12):5076-83.

Lee ,J. e Cooke, J.(2012). Nicotina e angiogénese patológica. *Life Sciences Journal*;91(5):1058-64.

Leonardi-Bee, J.; Ellison, T. e Bath-Hextall, F.(2012). Fumar e o risco de cancro de pele não melanoma: revisão sistemática e meta-análise. *Archives of Dermatology Journal*;148(5):939-46.

Levine, A.; Momand, J. e Finlay, C. (1991).*Thep53* tumor suppressor gene. *Nature Journal (Lond.)*; 351(6326):453-456.

Li, Q., Zhang, Y.; El-Naggar, A.; Xiong, S.; Yang, P.; Jackson, J.; Chau, G. e Lozano G (2014). Eficácia terapêutica da restauração *de p53* em tumores com superexpressão de Mdm2. *Molecular Cancer Research Journal* ; 12(6):901-1.

Li, Y. e Diehl, J. (2015). Escapamento de p53 dependente de PRMT5 na tumorigênese. *Oncoscience Journal* ; 2(8): 700-702.

Lillie, R. (1965) Histopathologic Technic and Practical Histochemistry, 3ª edição, McGraw-Hill Book Co., Nova Iorque.

Linert, W.; Bridge, M. ; Huber, M. ; Bjugstad, K. ; Grossman,S. e Arendash, G. (1999). Estudos *in vitro* e *in vivo* que investigam as possíveis acções antioxidantes da nicotina: relevância para as doenças de Parkinson e de Alzheimer Biochimica et Biophysica Ata (BBA) - *Molecular Basis of Disease Journal* ; 1454(2) : 143-152.

Linnebur, S.(2006) Educação sobre o tabaco: Enfatizar a impotência como uma consequência do tabagismo. *American Journal of Health-System Pharmacy*, 63(24):2509-

2512.

Liu, D.; Wang, F.; Guo, X.; Wang, Q.; Wang, W. e Xu, H. (2013). Associação entre os polimorfismos genéticos do códão 72 do p53 e o consumo de tabaco e o risco de cancro do pulmão numa população chinesa. *Molecular Biology Reports Journal*;40(1):645-649.

Liu, Y. (2011).Ressuscitar a expressão de p53 de tipo selvagem interrompendo a glicosilação de ceramida: uma nova abordagem para atingir tumores com p53 mutante. *Cancer Research Journal* ; 15 (20):62-71.

Liu, X.; Lin, X.; Wang, C.; Yan, K.; Zhao, L. e An, W. (2014). Associação entre tabagismo e mutação p53 no câncer de pulmão: uma meta-análise. *jornal de oncologia clínica*; 26 (1), 18-24.

Luch, A. (2005). Nature and nurture - lessons from chemical carcinogenesis- *Nature Reviews Cancer Journal*;5(2):113-25.

Lykkesfeldt, J.; Viscovich, M. e Poulsen, H. (2004). O malondialdeído plasmático é induzido pelo tabagismo: um estudo com perfis antioxidantes equilibrados. *British Journal of Nutrition* ; 92(9):203-206.

Lynch, M.; Raphael, S.; Mellor, L.; Spare, P. e Inwood, M. (1969).Medical Laboratory Technology and Clinical Pathology, 2ª edição, WB Saunders Co., Philadelphia London Toronto.

M

Maeno, T.; Houghton, A.; Quintero, P.; Grumelli, S.; Owen, C. e Shapiro, S. (2007) As células T CD8+ são necessárias para a inflamação e destruição do enfisema induzido pelo fumo do cigarro em ratinhos. *Journal of Immunology* ;178(12):8090-8096.

Magnusson, C.(1986). O tabagismo materno influencia os níveis séricos de IgE e IgD do cordão umbilical e aumenta o risco de alergia infantil subsequente. *Journal of Allergy and Clinical Immunology*. ;78(5):898-904

Mahapatra, S.; Subhasis D.; Sankar K. e Somenath R. (2008). Stress oxidativo induzido pelo tabagismo no soro e nos neutrófilos dos estudantes universitários. *Jornal de Ciências Médicas;* 1(1):20-31.

Malkin, D. (1994). Germline p53 mutations and heritable cancer. *Annual Review Of Genetics Journal* ;28(2):443-465.

Maltzman, W. e Czyzyk, L. (1984) A irradiação UV estimula os níveis de antigénio tumoral celular p53 em células de rato não transformadas. *Journal of Molecular and Cellular Biology*. ;4(9): 1689-94

Mandal, P.; Saharan, S.; Tripathi, M. e Murari, G. (2015). Níveis de glutationa cerebral - um novo biomarcador para comprometimento cognitivo leve e doença de Alzheimer. *Biological Psychiatry Journal ; 78(5): 702710.*

Mariette, X.; Matucci-Cerinic, M. e Pavelka, K. (2011). Doenças malignas associadas aos inibidores do fator de necrose tumoral em registos e estudos observacionais prospectivos: uma revisão sistemática e meta-análise. *Annals of the Rheumatic Diseases Journal* ; 70 (11)36-49.

Marnette, L. (1999) Generation of mutagenes during arachidonic acid metabolism. *Revista de Revisão de Cancro e Metástases*. 13(5):303-308.

Mateen ,I. e Irshad ,S. (2015) Análise mutacional do gene p53 no carcinoma da mama esporádico. *Jornal do Paquistão de Bioquímica e Biologia Molecular*; 48(3): 79-83.

Matés, J. ; Segura, J. ; Alonso, F. e Màrquez, J.(2006). Caminhos da glutamina para a apoptose. *Frontiers in bioscience Journal* ; 1(11):3164- 80.

Merghani, A. Alawad, A. e Saeed, T. (2012). Alterações no plasma IL4, TNFà e CRP em resposta ao tabagismo passivo regular em casa entre crianças saudáveis em Cartum, Sudão. *Journal of Health Science;* 12(1): 41-47.

Meister, A. e Anderson, M. (1983). Glutationa. *Revista Anual de Bioquímica:* 52(3):711-760.

Melhem, M.; Law, J. and El-Ashmawy, L.(1995).Assessment of sensitivity and specificity of immunohistochemical ldaining of p53 in lung and head and neck cancers. *American Journal of Pathology* ; 146(4) 1 170- 1177.

Mercer, L.; Davies, R. ; Galloway, J.; Registo Biológico da Sociedade Britânica de Reumatologia (BSRBR). e Consórcio do Centro de Controlo. (2013). Risco de cancro em doentes que recebem terapia modificadora da doença não biológica para a artrite reumatoide em comparação com a população geral do Reino Unido. *Rheumatology Journal (Oxford)* ;52(1):91-8.

Mian, M.; Lauzon, N.; Stampili, M.; Mossman, K. e Ashkar, A. (2008). Prejuízo da atividade citotóxica das células NK humanas e libertação de citocinas pelo fumo do cigarro. *Journal of Leukocyte Biology*; 83(3):774-84.

Minde, D.; Maurice, M. e Rüdiger, S. (2012). Determinação da estabilidade biofísica de proteínas em lisados por um ensaio de proteólise rápida, FASTpp". *PLoS ONE Journal* ; 7 (10): 46-57.

Minematsu, N.; Blumental-Perry, A. e Shapiro, S. (2011).O fumo do cigarro inibe o engolfamento de células apoptóticas por macrófagos através da inibição da actina *American Journal of Respiratory Cell and Molecular Biology* ;44(4):474-82.

Miosge, L.; Field, M.; Sontani, Y.; Cho, V.; Johnson, S.; Palkova, A., Balakishnan, B.; Liang, R.; Zhang, Y.; Lyon, S.; Beutler, B.; Whittle, B.; Bertram, E. ;Enders, A.; Goodnow, C. e Andrews, T. (2015) Comparação das consequências previstas e reais de mutações missense. *Actas do Jornal da Academia Nacional de Ciências;* 12(5) 189-198.

Mitra, A.; Lin ,H.; Datar, R. e Cote, R. (2006). Molecular biology of bladder cancer: prognostic and clinical implications (Biologia molecular do cancro da bexiga: implicações prognósticas e clínicas). *Clinical Genitourinary Cancer Journal;*5(1):67-73.

Miyashita, T.; Harigai, M.; Hanada, M.; e Reed, J. (1994). Identificação de um elemento de resposta negativa dependente de p53 no gene bcl-2. *Cancer Research Journal* ; 54(3) 3131-3135.

Mohamed, A.; Deng, X.; Khuri, F. e Owonikoko, T. (2014). Metabolismo alterado da glutamina e oportunidades terapêuticas para o cancro do pulmão. *Jornal Clínico do Cancro do Pulmão*;18(1): 7-15.

Moizs, M.; Bajzik, G.; Lelovics, Z.; Rakvàcs, M.; Strausz, J. e Repa,A. (2013). Primeiro resultado da comunicação diferenciada--para fumadores e não fumadores--para aumentar a taxa de participação voluntária no rastreio pulmonar. *BMC Public Health Journal* ; 2(13):914-921.

Moolgavkar, S.; Holford, T. e Levy, D. (2012). Impact of Reduced Tobacco Smoking on Lung Cancer Mortality in the United States During 1975-2000 (Impacto da redução do consumo de tabaco na mortalidade por cancro do pulmão nos Estados Unidos durante 1975-2000). *Journal of the National Cancer Institute* ;4;104(7):541-8.

Mortaz, E.; Barnes, P.; Heidarnazhad, H.; Adcock, I. e Masjedi, M. (2012). Características Imunológicas da Doença Pulmonar Obstrutiva Crónica (DPOC) Induzida por Poluição Interior e Fumo de Cigarro. *Tanaffos Journal*;11(4):6-17.

Moszczynski, P.; Zabinski, Z.; Moszczynski, P.; Rutowski, J.; Slowinski, S. e Tabarowski, Z.(2001). Achados imunológicos em fumadores de cigarros. *Toxicology Letters Journal;* 118(3): 121-7.

Mousa, S. e Mousa, S. (2006) . Mecanismos celulares e moleculares da atividade pró-angiogénese da nicotina e o seu potencial impacto no cancro. *Journal of Cellular Biochemistry;* 97(6):1370-8.

Muhartono, M.; Sutyarso, S. e Kanedi, M. (2016). A mucoxina (acetogenina) inibe a proliferação do câncer de mama T47D, suprimindo a expressão da ciclina D1 mediada por p53. *Jornal Internacional de Investigação do Cancro;* 12(2) :101-108.

Muller, P. e Vousden, K. (2013). mutações p53 no cancro. *Nature Cell Biology Journal* ;15(1):2-8.

Muller, P. e Vousden, K.(2014). Mutante p53 no cancro: novas funções e oportunidades terapêuticas. *Cancer Cell Journal*; 25(3):304-317.

Murkovic, M.(2004). Química, formação e ocorrência de aminas aromáticas heterocíclicas genotóxicas em produtos fritos. *European Journal of Lipid Science and Technology* ;106(11):777-85.

N

Nadhum, J.; Rozhgar, A. e Hazha J. (2016). Expressão gênica de *P53* e adipoq como marcadores de diagnóstico para câncer colorretal. *Cukurova Medical Journal*;41(2):217-223.

Nakada, T.; Kiyotani, K.; Iwano, S.; Uno, T.; Yokohira, M. e Yamakawa, K. (2012). Tumorigénese pulmonar promovida por efeitos anti-apoptóticos da cotinina, um nicotinemetabolito através da ativação da via PI3K/Akt. *Jornal de Ciências Toxicológicas*; 37(5)55-63.

Narula, J.; Acio, E. e Narula, N. (2001). "Imagem de Annexin-V para deteção não invasiva de rejeição de aloenxerto cardíaco". *Nature Medicine Journal*; 7 (12): 1347-52.

O

Ochsner, A. e DeBakey, M. (1939). Chone-chondrosternon relato de um caso e revisão da literatura. *Journal of Thoracic Surgery* ;8 (1):469-511.

Olivier, M.; Hollstein, M. e Hainaut, P. (2010). Mutações TP53 em cancros humanos: Origins, Consequences, and Clinical Use. *Journal of Cold Spring Harbor perspectives in biology* .;2(1):1-17.

Olsen, A.;Chen, Y.; Ji, Q.; Zhu, G.; De Silva, A.; Vilchèze, C.;Weisbrod, T.; Li, W.; Xu, J.; Larsen, M.; Zhang, J.;Porcelli, S. Jacobs, W. e Chan, J. (2016). Direcionamento de genes reguladores do fator de necrose tumoral alfa do *Mycobacterium tuberculosis* para o desenvolvimento de vacinas antituberculosas. *MBio Journal*;7(3): 1023-15.

P

Pace, E.; Ferraro, M.; Di Vincenzo, S.; Cipollina, C.; Gerbino, S.; Cigna, D.; Caputo, V.; Balsamo, R.; Lanata, L. e Gjomarkaj, M. (2013). Efeitos citoprotetores comparativos de carbocisteína e propionato de fluticasona em células epiteliais brônquicas estimuladas por extrato de fumaça de cigarro. *Jornal de Stress Celular e Chaperones* ;18 (6):733-43.

Pegram, H.;Purdon, T.;van Leeuwen, D.;Curran, K.;Giralt, S.,Barker, J. e Brentjens, R. (2015). Células T derivadas do sangue do cordão umbilical, secretoras de IL-12 e CD19, para a imunoterapia da leucemia linfoblástica aguda de células B. *Leukemia Journal* ;29(2):415-22.

Perwez, S. (2001) Mutability of p53 hotspot codons to benzo[a]pyrene diol epoxide (BPDE) and the frequency of p53 mutations in nontumorous human lung, *Cancer* Research Journal; 61(1):6350-6355.

Petrescu,F.; Voican, S. e Silosi, I. (2010). Tumor necrosis fator-alpha serum levels in healthy smokers and nonsmokers. *International Journal of Chronic Obstructive Pulmonary Disease* ; 5(9):217-222.

Pezeshki, A.; Sari-Aslani, F.; Ghaderi, A. e Doroudchi, M. (2006). p53 codon 72 polymorphism in basal cell carcinoma of the skin. *Pathology and Oncology Research Journal*;12(1): 29-33,

Pfeifer, G.; Denissenko, M.; Olivier, M.; Tretyakova, N.; Hecht, S. e Hainaut, P.(2002). Tobacco smoke carcinogens, DNA damage and p53 mutations in smoking-associated cancers. *Oncogene Journal*. 21(48):7435-7451.

Piadé, J.; Wajrock,S. ; Jaccard,G. e Janeke,G.(2013). Formação de constituintes do fumo de cigarro mainstream priorizados pela Organização Mundial da Saúde - Padrões de rendimento observados em pesquisas de mercado, agrupamento e correlações inversas. *Toxicologia Química e Alimentar*; 55(10) : 329-347.

Piipari, R.; Savela, K.; Nurmisen, T.; Hukkanen, J.; Raunio, H.; Hakkola, J.; Mantyla, T.; Beaune, P. e Edwards, R. (2000). Expression of CYP1A1, CYP1B1 and CYP3A, and polycyclic aromatic hydrocarbon DNA adduct formation in bronchoalveolar macrophages of smokers and non-smokers. *International Journal of Cancer*;86: 610-616.

Pinsky, P.; Church, T.; Izmirlian, G. e Kramer, B. (2013). O ensaio nacional de rastreio do pulmão: Resultados estratificados por dados demográficos, história de tabagismo e histologia do cancro do pulmão. *Cancer Journal*; 119(22):3976-3983.

Press, M.;Guido, S.; Leslie, B.; Ivonne, E.; Villalobos, M.Jian-Yuan, Z.; Rooba,W.;Yong-Tian, L.; Roberta, G.; Yanling, M.; Jane, S.; Angela, S.; Jinha, M.; Alessandro, R. e Dennis J. (2005). Avaliação diagnóstica do HER-2 como alvo molecular: uma avaliação da exatidão e reprodutibilidade dos testes laboratoriais em grandes ensaios clínicos prospectivos e aleatórios. *Clinical Cancer Research Journal* ;11 (18): 6598-6607.

Puisieux, A.; Lim, S.; Groopman, J. e Ozturk, M. (1991). Selective targeting of p53 gene mutational hotspots in human cancers by etiologically defined carcinogens. *Cancer Research Journal*;51(1):6185-9.

Pulko, V.; Davies, J.; Martinez, C.; Lanteri, M.; Busch, M., Diamond, M.; Knox, K.; Bush, E.; Sims, P. ; Sinari, S., Billheimer, D.; Haddad, E. ; Murray, K. ; Wertheimer, A., Nikolich-Zugich, J. (2016) As células T de memória humana com um fenótipo naive acumulam-se com o envelhecimento e respondem a vírus persistentes. *Nature Immunology Journal*;17(8):966-75.

Q

Qiao, Y. (2016). A melatonina atenua a lesão renal induzida pela hipertensão parcialmente através da inibição do estresse oxidativo em ratos. *Jornal de Relatórios de Medicina Molecular* ;13(21) 6-12.

R

Rahman, I.; Kode, A. e Biswas, S.(2006).Ensaio para a determinação quantitativa dos níveis de glutatião e dissulfureto de glutatião utilizando o método de reciclagem enzimática. *Nature Protocols Journal* , 1 (6): 31593165.

Rahman, I.; van Schadewijk, A.; Crowther, A.; Hiemstra, P.; Stolk, J.; MacNee ,W. e De Boer, W. (2002). 4-Hydroxy-2-nonenal, um produto específico da peroxidação lipídica, está elevado nos pulmões de pacientes com doença pulmonar obstrutiva crónica. *American Journal of Respiratory and Critical Care Medicine* ;166(4):490-5.

Ramos-Vara, J. e Miller, M. (2014) When tissue antigens and antibodiesget   along: revisiting the technical aspects of

imunohistoquímica - a técnica do vermelho, castanho e azul. *Jornal de Patologia Veterinária;*51(1):42-87

Rana, S., Allen ,T. e Singh, R.(2002): Inevitável glutatião, antes e agora. *Indian journal of experimental biology* ;40(5):706-716.

Ranjan, A.;Bera, K. e Iwakuma ,T. (2016) Murine double minute 2, um potencial regulador independente de p53 da metástase do cancro do fígado. *Revista Hepatoma Research*;2(5):114-121.

Rao, C. ; Patlolla, J. ; Qian, L.; Zhang, Y.; Brewer, M.; Mohammed, A., Desai, D.; Amin, S.; Lightfoot, S. e Kopelovich, L. (2013) Efeitos quimiopreventivos dos agentes moduladores de p53 CP-31398 e Prima-1 na tumorigénese pulmonar induzida por carcinogéneos do tabaco em ratinhos A/J. *Revista Neoplasia;* 15(9) 1018-1027.

Real, F. (2007). p53: Tem tudo, mas será que vai chegar à clínica como marcador no cancro da bexiga? *Journal of Clinical Oncology* ; 25(5):5341-4.

Reutelingsperger, C.; Dumont, E. e Thimister, P. (2002). Visualização da morte celular *in vivo* com o protocolo de imagem da anexina A5. *Journal of Immunological Methods*; 265 (2): 123-32.

Robicsek, F. (1979). The Smoking Gods: Tobacco in Maya Art, History, and Religion [Os Deuses Fumadores: O Tabaco na Arte, História e Religião Maia]. University of Oklahoma Press: 30.

Rodgman, A.; Perfetti, T. (2006). A composição do fumo do cigarro: um catálogo dos hidrocarbonetos aromáticos policíclicos. *Beitrage zur Tabakforschung International Journal*;22(1):13-69.

Rodgman, A. e Perfetti, T. (2009). Índice alfabético de componentes. Em: The Chemical Components of Tobacco and Tobacco Smoke (Os componentes químicos do tabaco e do fumo do tabaco). Rodgman A, Perfetti TA, editores. Boca Raton, FL: CRC Press: 14831784.

Ronchetti, D.;Neglia, C.; Cesana, B.;Carboni, N.; Neri, A.; Pruneri, G. e Pignataro, L. (2004).

Associação entre Mutações do Gene p53 e Exposição ao Tabaco e ao Álcool no Carcinoma de Células Escamosas da Laringe . *Otolaryngology Head and Neck Surgery Journal* ;130(3):303-306.

Roos, W. e Kaina, B. (2006). Morte celular por apoptose induzida por danos no ADN. *Trends in Molecular Medicine Journal* , 12(9) 440-450 .

Rottey, S; Slegers, G.; Van Belle, S.; Goethals, I. e Van de Wiele, C. (2006). Sequential 99mTc-hydrazinonicotinamide-annexin V imaging for predicting response to chemotherapy. *Journal of Nuclear Medicine*. 47 (11): 1813-8.

Rozenblum, E.; Schutte, M.; Goggins, M.; Hahn, S. ; Panzer, S.; Zahurak, M.; Goodman, S. ; Sohn, T. ; Hruban, R.; Yeo, C. e Kern, S. (1997). Tumor-suppres sive pathway in pancreatic carcinoma. *Cancer Research Journal* ; 57(9) : 1731-1734.

Russell, M; Jarvis, M.; Iyer, R. e Feyerabend, C. (1980). Relação entre o teor de nicotina dos cigarros e as concentrações de nicotina no sangue em fumadores. *British medical journal* ; 280 (1):972-6.

Russell, R.; Thorley, A.; Culpitt, S.; Dodd, S.; Donnelly, L.; Demattos, C.; Fitzgerald, M. e Barnes, P (2002). Alveolar macrophage-mediated elastolysis: roles of matrix metalloproteinases, cysteine, and serine proteases. *American Journal of Physiology- Lung Cellular and Molecular Physiology*;283(4): 867-73.

Russo, A.; Bazan, V.; Iacopetta, B.; Kerr, D.; Soussi, T. e Gebbia, N. (2005). The *TP53* colorectal cancer international collaborative study on the prognostic and predictive significance of p53 mutation: influence of tumor site, type of mutation, and adjuvant treatment. *Jornal de Oncologia Clínica*; 23(30):7518-28

S

Saevarsdottir, S.; Wedrén, S. e Seddighzadeh, M. (2011). Os doentes com artrite reumatoide precoce que fumam têm menos probabilidades de responder ao tratamento com metotrexato e inibidores do fator de necrose tumoral: observações da Investigação Epidemiológica da Artrite Reumatoide e das coortes do Registo Sueco de Reumatologia. *Arthritis and Rheumatology Journal* ;63(6):26-36.

Sagne, C.; Marcel, V.; Bota M.; Martel-Planche, G.; Nobrega, A.; Palmero, E.; Perriaud, L.; Boniol, M.; Vagner, S.; Cox, D.; Chan, C.; Mergny, J.; Olivier, M.; Ashton-Prolla, P.Hall, J.;Hainaut, P. e Achatz, M.(2014).Idade no início do cancro em portadores de mutações *TP53* na linha germinativa: associação com polimorfismos em estruturas G-quadruplex previstas. *Carcinogenesis Journal*;35(4):807-15

Saito, H.; Okita, K.; Chang, A. e Ito F (2016). A transferência adotiva de células T CD8 + geradas a partir de células-tronco pluripotentes induzidas desencadeia regressões de grandes tumores, juntamente com a memória imunológica. *Jornal de Investigação do Cancro;* 15;76(12):3473-83.

Sajjad, A. ; Novoyatleva, T. ; Vergarajauregui, S. ; Troidl, C. ; Schermuly, R. e Lysine, H. (2014). METILTRANSFERASE SMYD2 SUPRIMEESP53-DEPENDENTE   .

Biochimica et Biophysica Ata Journal ; 1843(11):2556-62.

Sambrook, J. e Russel, D. (2001). Molecular cloning: a laboratory manual. 3ª ed., Cold Spring Harbor, Nova Iorque. Cold Spring Harbor, Nova Iorque: Cold Spring Harbor Laboratory Press

SAS. (2012). Sistema de Análise Estatística, Guia do Utilizador. Statistical. Versão 9.1[th] ed. SAS. Inst. Inc. Cary. N.C. EUA.

Schaal, C. e Chellappan, S.(2014). Proliferação celular mediada pela nicotina e progressão tumoral em cancros relacionados com o tabagismo. *Molecular Cancer Research Journal* ; 12(1): 14-23.

Schiller, M.; Bekerdjian-Ding, I. e Heyder, P. (2008). Os autoantigénios são translocados para pequenos corpos apoptóticos durante as fases iniciais da apoptose. *Cell Death and Differentiation Journal*; 15(5) 183-191.

Schneider-Stock, R.; Mawrin, C.; Motsch, C.; Boltze, C.; Peters, B.; Hartig, R.; Buhtz, P.; Giers, A.; Rohrbeck, A.; Freigang, B. e Roessner A (2004). A retenção do alelo da arginina no códão 72 do gene p53 está correlacionada com uma apoptose fraca no cancro da cabeça e do pescoço. *American Journal of Pathology*;164(4):1233-41.

Schuller, H. (2007). Nitrosaminas como ligandos de receptores nicotínicos. *Jornal de Ciências da Vida;* 80:2274-80.

Schuller, H.; McGavin, M.; Orloff, M.; Riechert, A. e Porter, B. (1995) Simultaneous exposure to nicotine and hyperoxia causes tumors in hamsters. *Laboratory Investigation Journal ;* 73:448-56.

Schulz, W. (2007). Molecular Biology of Human Cancers (Biologia Molecular dos Cancros Humanos). Springer. Países Baixos

Selvakumaran, M.; Lin, H.; Miyashita, T.; Wang, H. ; Krajewski, S.; Reed, J. ; Hoffman, B., e Liebermann, D. (1994). Immediate early up-regulation of bax expression by p53 but not TGF~I : a paradigm for distinct apoptotic pathways. *Oncogene Journal* ;9(8): 1791-1798.

Sequist, L.; Yang J. e Yamamoto, N. (2013). Estudo de fase III de afatinib ou cisplatina mais pemetrexed em doentes com adenocarcinoma do pulmão metastático com mutações EGFR *Journal of Clinical Oncology* ;31(6):3327-3334.

Sergei, A. e Grando,G. (2014). Ligações da nicotina ao cancro. *Revista Nature Reviews Cancer* 14(6) 419-429

Sethi, J. e Rochester, C.(2000). Tabagismo e doença pulmonar obstrutiva crónica. *Clinics in Chest Medicine Journal* ; 21 (1): 67-86.

Sevilha, C.; Mahle, N.; Eliezer, N.; Uzieblo, A.; O'Hara, S.; Nokubo, M.; Miller, R.; Rouzer, C. e Marnett, L. (1997) Desenvolvimento de anticorpos monoclonais para o aduto malondialdeído-deoxiguanosina, pirimidopurinona. *Chemical Research in Toxicology Journal* ; 10(4):172-180.

Sher, R.; Cox, G.; Mills, K. e Sundberg, J.(2011). Rabdomiossarcomas em ratinhos A/J envelhecidos. *PLoS One Journal;* 6(23):49-58.

Shetty, S. ; Bhandary, Y. ; Marudamuthu, A. ; Daniel, A,; Thirunavukkarasu, V.; Barry, S. e Sreerama S (2012). Regulação da Apoptose das Vias Aéreas e das Células Epiteliais Alveolares pelo Inibidor do Ativador do Plasminogénio-1 induzido por p53 durante a Lesão por Exposição ao Fumo do Cigarro *American Journal of Respiratory Cell and Molecular Biology ; 47, (* 4): 474-483.

Sidransky, D. e Hollstein, M. (1996).Implicações clínicas do gene p53. *Annual Review of Medicine Journal*;47(3):285-301.

Siganaki, M.; Koutsopoulos, A.; Eirini N.; Eleni, V.; Maria, P.; Nikolaos, S.;Nikolaos, P.;Nikolaos, M. e Eleni, G .(2010).dergulation of apoptosis mediators' p53 and bcl2 in lung tissue of COPD patients. *Respiratory Research Journal;* 11(5):46-55.

Singh, R.; Kaur, B. e Farmer, P.(2005). Deteção de danos no ADN derivados de um agente etilizante de ação direta presente no fumo do cigarro através da utilização de cromatografia líquida-espetrometria de massa em tandem. *Journal of Chemical Research in Toxicology;* 18(2):249-56.

Singh, S.; Pillai, S. e Chellappan, S.(2011). O recetor de acetilcolina nicotínico sig-naling no crescimento do tumor e metástase. *Journal of Oncology* :45(6)743-8.

Snyder, L.; Bertone, E.; Jakowski , M.; Dooner, M. ; Jennings-Ritchie, J. e Moore, A. (2004). p53 Expression and Environmental Tobacco Smoke Exposure in Feline Oral Squamous Cell Carcinoma. *Veterinary Pathology Journal;* 41(3):209-214.

Sopori, M. (2002). Effects of cigarette smoke on the immune system (Efeitos do fumo do cigarro no sistema imunitário). *Revista Nature Reviews Immunology* ; 2(1):372-377.

Sriramoju, V. e Alfano, R. (2015). Estudos *in vivo* de ultrafast nearinfrared laser tissue bonding e cicatrização de feridas. *Journal ofBiomedical Optics;* 20(10), 108-113.

Sun, J. e Lanier, L. (2011). Desenvolvimento, homeostase e função das células NK: paralelos com as células T CD8(+). *Revista Nature Reviews Immunology* ;11(10):645-57.

T

Taghavi, N.; Biramijamal, F.; Sotoudeh, M.; Moaven, O.; Khademi, H.; Abbaszadegan, M. e Malekzadeh, R. (2010) Associação da expressão de p53/p21 com o consumo de cigarros e o prognóstico em doentes com carcinoma de células escamosas do esófago. *World Journal* of *Gastroenterology* ; 21; 16(39): 4958-4967.

Talarowska, M.; Bobinska, K.; Zajaczkowska, M.; Su, K.; Maes, M.; e Galecki, P.(2014) Impact of oxidative/nitrosative stress and inflammation on cognitive functions in patients with recurrent depressive disorders. *Medical Science Monitor Journal;*20(8):110-5.

Tamara, H .; Janine, H.; Bo, J. ; Ivy, Y .; Leonard, J .; Danielle, M .; Paul, P. e Lisa, G . (2016) As células T CD8 do nódulo linfático humano[+] apresentam um fenótipo alterado durante a autoimunidade sistémica *Clinical and Translational Immunology Journal* ; 5(4) 67;73.

Tharappel, J.; Cholewa, J.; Espandiari, P.; Spear, B.; Gairola, C. e Glauert, H.(2010): Efeitos do fumo do cigarro na ativação de factores de transcrição relacionados com o stress oxidativo no pulmão de ratinhos A/J fêmeas. *Journal of Toxicology and Environmental Health* ; 73 (19): 1288-1297.

Thun, M.; Lally, C.; Flannery, J.; Calle, E.; Flanders, W. e Heath C. (1997) Cigarette Smoking and Changes in the Histopathology of Lung Cancer *Journal of the National Cancer Institute* ;89(21) 1580-6.

Tiwawechac, D.; Srivatanakula, P.; Karalukb, A. e Ishidac, T.f (2003). O polimorfismo do códon 72 do p53 no carcinoma nasofaríngeo tailandês, *Cancer Letters Journal*; 198(1): 69-75.

Toguchida, J.; Yamaguchi, T. e Dayton, S. (1992). Prevalência e espetro de mutações germinativas do gene p53 em pacientes com sarcoma. *New England Journal of Medicine*;326(130) 1300- 1308.

U

USDHHS (2004) U.S. Department of Health and Human ServicesThe Health Consequences of Smoking-50 Years of Progress. A Report of the Surgeon General Rockville: Public Health Services, Centers for Disease Control and Prevention and Health Promotion, Office on Smoking and Health (Serviços de Saúde Pública, Centros de Controlo e Prevenção de Doenças e Promoção da Saúde, Gabinete de Tabagismo e Saúde).

USDHHS (2010). U.S. Department of Health and Human Services How Tobacco Smoke Causes Disease-The Biology and Behavioral Basis for Smoking-Attributable Disease A Report of the Surgeon General. Atlanta (GA), Centros de Controlo e Prevenção de Doenças, Centro Nacional de Prevenção de Doenças Crónicas e Gabinete de Promoção da Saúde sobre Tabagismo e Saúde.

USDHHS (2014). Departamento de Saúde e Serviços Humanos dos EUA As consequências do tabagismo para a saúde - 50 anos de progresso. A Report of the Surgeon General Rockville: Serviços de Saúde Pública, Centros de Controlo e Prevenção de Doenças e Promoção da Saúde, Gabinete de Tabagismo e Saúde.

Vahakangas, K.; Bennett, W.; Castren, K.; Welsh, J.; Khan, M.; Blomeke, B.; Alavanja, M. e Harris, C.(2001). p53 and K-ras mutations in lung cancers from former and never-smoking women. *Cancer Research Journal*; 61 (11) :4350 -4356.

van de Loosdrecht, A.; Beelen, R.; Ossenkoppele, G.; Broekhoven, M. e Langenhuijsen, M. (1994). Um ensaio MTT colorimétrico baseado em tetrazólio para quantificar a citotoxicidade mediada por monócitos humanos contra células leucémicas de linhas celulares e doentes com leucemia mieloide aguda: 311-320

van Engeland, M.; Nieland, L.; Ramaekers, F.; Schutte, B. e Reutelingsperger, C (1998). Annexin V-affnity assay: a review on an apoptosis detection system based on phosphatidylserine exposure. *Cytometry Journal* ; 31 (1): 1-9.

Veenendaal, L.; Jin, H.; Ran, S.; Cheung, L.; Navone, N.; Marks, J.; Johannes, W. ; Philip, T. e Michael G. (2002).Estudos *in vitro* e *in vivo* de uma toxina de fusão quimérica VEGF121 rGelonin que visa a neovasculatura de tumores sólidos. *Proceedings of the National Academy of Sciences Journal* ; 99 (12): 7866-7871.

Vodopich, D e Moore, K, (1992). Biologia. Manual de laboratório 3ª ed.:112-124.

W

Wainwright, M. (2010). Corantes, tripanossomíase e DNA: uma revisão histórica e crítica. *Biotechnic and Histochemistry Journal* ; 85 (6): 34154.

Waldum, H.; Nilsen, O.; Nilsen, T.; Rervik, H.; Syversen, U. e Sandvik, A.(1996). Long-term effects of inhaled nicotine (Efeitos a longo prazo da nicotina inalada). *Life Science Journal* ; 58(3):1339-46.

Wang, Y.;Suh, Y.; Fuller, M.; Jackson, J.;Xiong, S.; Terzian, T.; Quintâs- Cardama, A.; Bankson, J.; El-Naggar; A. e Lozano, G.(2011).Restabelecer a expressão do p53 de tipo selvagem suprime o crescimento tumoral mas não causa regressão tumoral em ratinhos com uma missensemutação do *p53* . *Jornal de Clínica Investigation* ;121(3):893-904.

Watson, J.; Baker, T.; Stephen, P.; Gann, A; Levine, M. e Losick, L. (2008). *Molecular Biology of the Gene* (6ª ed.). São Francisco: Pearson/Benjamin Cummings.

Wender, R.; Fontham, E. e Barrera, E. (2013). Directrizes de rastreio do cancro do pulmão da American Cancer Society. *A Cancer Journal for Clinicians* ;63 (3):106-117.

OMS (1997) Organização Mundial de Saúde. Tabaco ou Saúde: A Global Status Report. Genebra: OMS, : 10 - 48.

OMS (2015). relatório sobre a epidemia global do tabaco O pacote MPOWER. Organização Mundial da Saúde.

OMS (2016) Relatório global da Organização Mundial de Saúde sobre a tendência do tabagismo 2000-2025.

Wickenden, J.; Clarke, M.; Rossi, A.; Rahman, I.; Faux, S.; Donaldson, K. e MacNee, W.(2003): O fumo do cigarro previne a apoptose através da inibição da ativação da caspase e induz a necrose. *Am J Respir Cell Mol Biol*, 29:562-570

Wilbert, J. (1993). Tobacco and Shamanism in South America (Tabaco e Xamanismo na América do Sul). Yale University Press:300.

Wiman, K. (2007) Restauração da função do p53 de tipo selvagem em tumores humanos: .279 estratégias para uma terapia eficaz do cancro *Advances Cancer in Research Journal* ; 97(1): 321 -38

Wong, H.; Yu, L.; Lam, E.; Tai, E.; Wu, W. e Cho, C. (2007). A nicotina promove o crescimento do tumor do cólon e a angiogénese através da ativação β-adrenérgica. *Toxicological Sciences Journal* ;97(1):279-87.

Y

Yemelyanova, A.; Vang, R.; Kshirsagar, M.; Lu, D.; Marks, M.; Shih, I. e Kurman, R. (2011). Padrões de coloração imuno-histoquímica de p53 podem servir como um marcador substituto para mutações TP53 no carcinoma de ovário: uma análise imuno-histoquímica e de sequenciamento de nucleotídeos. *Modern Pathology Journal* ; 24(9): 1248-1253

Yonish-Rouach, E.; Resnitzky, D.; Lotem, J.; Sachs, L.; Kimchi, A. e Oren, M. (1991) O p53 de tipo selvagem induz a apoptose de células leucémicas mielóides que é inibida pela interleucina-6. *Nature Journal* ; 352(6333):345-7

Z

Zenger, F. ; Russmann, E.; Junker, C. ; Wuthrich, M.; Bui, H. e HLauterburg, B. (2004). Diminuição da glutationa em pacientes com anorexia nervosa. Fator de risco de lesão hepática tóxica? *Jornal Europeu de Nutrição;* 58(2):238-243.

Zhang, H.; Liu, X.; Warden, C.; Huang, Y.; Loera, S.; Xue, L.; Zhang, S.; Chu, P.; Zheng, S. e Yen, Y. (2014) Significado prognóstico e terapêutico da subunidade pequena da ribonucleótido redutase M2 em cancros da mama estrogénicos negativos. *BMC Cancer Journal*; 11(14):664-668.

Zhdanov, A.; Waters, A.; Golubeva, A.; Dmitriev, R. e Papkovsky, D. (2014). A disponibilidade dos principais substratos metabólicos dita o

resposta respiratória das células cancerosas ao desacoplamento mitocondrial. *Biochimica et Biophysica Ata Journal ;* 1837(1), 51-62.

Zhenzhen, W.; Zhenghao, Z.; Ting, J.; Yanke, C. e Chen Huang (2016) As funções de várias etapas do EMMPRIN / CD 147 na angiogénese do tumor. *Revista de Medicina Celular e Molecular*; 2 (1): 1216.

Zhou, H.; Hua, W.; Jin, Y.; Zhang, C.; Che, L. e Xia, L. (2015). As células Tc17 estão associadas à inflamação pulmonar induzida pelo fumo do cigarro e ao enfisema. *Respirology Journal* ; 20(8): 426-433.

Zhu, T.; Feng, B.; Wong, S.; Choi, W.and Zhu, S. (2014) .A comparison of smoking behaviors among medical and other college students in China. *Revista Internacional de Promoção da Saúde* ; 19 (2): 189-196.

Zhu, F.; Dolle, M.; Berton, T.; Kuiper, R.; Capps, C.; Espejo, A.; McArthur, M.; Bedford, M.; van Steeg, H.; de Vries, A. e Johnson, D. (2010). Os modelos de ratinho para o polimorfismo p53 R72P imitam os fenótipos humanos. *Cancer Research Journal*;70(14) : 5851-5859,

Zmeskal, M. ; Kralikova, E. ; Kurcova, I. ; Pafko, P. ; Lischke, R. ; Fila, L. ; Valentova Bartakova, L. e Fraser, K. (2016). Continuação do tabagismo em pacientes transplantados de pulmão: A cross sectional survey. *Slovenian Journal of Public Health*; 55(1) 29-35.

Printed by Books on Demand GmbH, Norderstedt / Germany